土壤培肥案例选

黄雪娇 主编

广西科学技术出版社
·南宁·

图书在版编目（CIP）数据

土壤培肥案例选 / 黄雪娇主编 . -- 南宁：广西科
学技术出版社，2024. 12. -- ISBN 978-7-5551-2226-5

Ⅰ . S158

中国国家版本馆 CIP 数据核字第 20243LJ234 号

TURANG PEIFEI ANLI XUAN

土壤培肥案例选

黄雪娇　主编

责任编辑：马月媛　　　　　　　　　　助理编辑：陆江南

责任校对：苏深灿　　　　　　　　　　装帧设计：韦娇林

责任印制：陆　弟

出 版 人：岑　刚　　　　　　　　出版发行：广西科学技术出版社

社　　址：广西南宁市东葛路 66 号　　邮政编码：530023

网　　址：http://www.gxkjs.com

印　　刷：广西民族印刷包装集团有限公司

开　　本：787mm×1092mm　　1/16

字　　数：116 千字　　　　　　　　　印　　张：7.25

版　　次：2024 年 12 月第 1 版　　　　印　　次：2024 年 12 月第 1 次印刷

书　　号：ISBN 978-7-5551-2226-5

定　　价：39. 00 元

编 委 会

主　编：黄雪娇

参　编：（以姓氏笔画为序）

朱正杰（百色学院）

杨经勇（广西力源宝科技有限公司）

汪自松（百色学院）

宋贤冲（广西壮族自治区林业科学研究院）

郭豪（广西大学）

唐芳玉（广西力源宝科技有限公司）

黄智刚（广西大学）

曹继钊（广西壮族自治区林业科学研究院）

蒋代华（广西大学）

覃祚玉（广西壮族自治区林业科学研究院）

前　言

　　新时代背景下，新农科建设已为我国高等农业院校教育教学改革规划了新蓝图。新农科的"新"主要体现在现代农业产业转型的新变化、实施乡村振兴战略的新需求、新时代高等教育发展的新趋势、生态文明建设的新挑战等维度。新农科建设要求学校在专业知识传授方面进行加强，同时要在课程思政方面进行改革创新，使新课堂理论及实践教学在农学专业教学过程中充分发挥作用，更好地为乡村振兴及新农业提供更强有力的人才保障和科学技术支撑。近年来，国家对于农业科技化和高素质应用型人才的需求与日俱增，而目前农村基层农业技术人员队伍力量仍然比较薄弱，远远满足不了现代农业农村发展、新农村建设和乡村振兴的人才需要，农业技术人员供给侧和需求侧出现了严重失衡现象。高校是人才培养的重要阵地，实施研究生课程思政教育与农业技术创新改革能够推动知识传授、能力培养与三观树立相结合，是贯彻落实全国高校思想政治工作会议和全国教育大会精神的体现，是提升研究生社会责任感和使命担当的重要途径。

　　本书通过总结资源利用与植物保护领域优秀的土壤培肥技术，以广西特色作物为重点研究对象，搜集了 10 个相关案例，通过科学与教育相结合的模式，引导学生提升社会责任感、树立正确的价值观，自觉地将学生被动吸收式学习转变为自主能力提升的应用式学习和探究式学习，激发学生上课的积极性，提升教学效果，同时增强学生的爱国情怀，把学生培养成有责任、有担当的新农人才。

　　本书的编写与出版得到了广西大学 2023 年研究生案例库建设项目的大力支持，我们对此表示衷心的感谢。同时，研究生黄思源、农小芳和张洵涛积极参与本书的编写过程，给予我们很大的帮助。他们的专业知识极大地丰富了本书的内容，我们对他们的无私奉献和努力工作表示感谢！

目　录

第一章
常见培肥作物

油菜：大地的绿色宝藏

摘要：油菜是一种极为常见且充满价值的作物。在农业生产的领域中，油菜以其独特的优势在土壤培肥方面发挥着至关重要的作用。本案例详细介绍了油菜培肥土壤的效果、方式及技术要点，以期引导学生深入分析油菜作为培肥作物的生态学原理，充分理解种植油菜的社会经济价值。本案例有助于学生充分了解我国常见的重要作物——油菜，系统学习土壤培肥的生态学原理，深入掌握相关培肥技术。

关键词：油菜；土壤培肥；生态学原理；社会经济

Rape：The green treasure of the earth

Abstract：Rape is an extremely common and valuable crop. In the field of agricultural production, rape with its unique advantages plays a vital role in soil fertilization. This case introduces in detail the effect, method and technical key points of rapes fertilizing soil, in order to guide students to in-depth analysis of the ecological principles of rape as a fertilizer crop, and fully understand the socio-economic value of planting rape. This case study helps students to fully understand the common important crop-rape in China, systematically learn the ecological principles of soil fertilizer, and deeply grasp the relevant fertilizer technology.

Key words：Rape；Soil fertilization；Principles of ecology；Social economy

油菜是一种极为常见却又充满价值的作物。春天，嫩绿色的油菜叶生机勃勃，为大地增添了一抹清新的色彩。它们在微风中轻轻摆动，仿佛是大自然舞动的精灵。随着时间的推移，油菜渐渐长大，茎秆变得粗壮，叶子也更加繁茂。而当花期来临，那一片片金黄的油菜花竞相绽放，灿烂夺目（见图1）。成千上万朵小小的花朵汇聚在一起，形成了一片令人陶醉的金色花海。微风拂过，花香四溢，引来蜜蜂和蝴蝶在花丛中翩翩起舞，为大地增添了一份宁静而美好的诗意。

图 1 美丽的油菜

　　油菜除了美丽之外，还有许多其他价值。油菜为低脂肪蔬菜，富含膳食纤维，能与胆酸盐、胆固醇及甘油三酯结合，并通过粪便排出，从而减少人体对脂类的吸收。油菜籽可以榨出优质的食用油。这种食用油富含不饱和脂肪酸，对人体健康十分有益。它能够降低胆固醇，预防心血管疾病，为人们的健康生活提供了保障。油菜的花可供蜜蜂采蜜，油菜叶可制成动物饲料。此外，油菜还具有一定的药用价值。油菜的种子、茎、叶等部位都可以入药，并且具有清热解毒、活血化瘀等功效。在传统医学中，油菜被广泛应用于治疗多种疾病。同时，油菜在农业生态系统中也起着重要的作用，它可以改善土壤结构，增加土壤肥力，为后续的农作物种植打下良好的基础。在农业生产的领域中，油菜以其独特的优势在土壤培肥方面发挥着至关重要的作用（见图 2）。

图 2 油菜的价值

一、油菜培肥土壤的效果

（一）改善土壤结构

油菜拥有较为发达的根系，这些根系在土壤中穿插生长，其根系的机械压力和分泌物能促使土壤颗粒形成团聚体。大团聚体的增加有利于土壤通气性和透水性的改善。例如，在种植油菜后的土壤中，大于 0.25 mm 的团聚体比例会有所增加，土壤容重降低，这使得土壤变得疏松，更有利于作物根系的生长发育。此外，油菜生长期间，其地上部分覆盖地面，可以减少雨水对土壤表面的冲刷，保持土壤孔隙结构。同时，其根系在土壤中的生长和死亡过程会使土壤形成许多孔隙，使土壤通气孔隙和毛管孔隙比例更加合理，这既能保证土壤具有良好的通气性，又能使土壤具有一定的保水保肥能力。

（二）增加土壤有机质

油菜在生长期间还能够大量吸收土壤中的养分，尤其是对氮、磷、钾等主要营养元素的吸收能力较强。在油菜收获后，虽然大部分的养分会随着油菜被带出农田，但仍有部分养分残留在土壤中或者通过根系的腐解作用回归到土壤中。此外，油菜的残茬和落叶也是重要的有机物质来源。这些残茬和落叶在土壤中被逐渐分解，释放出大量的有机质。有机质是土壤肥力的重要指标之一，适量的有机质能够改善土壤的物理、化学和生物学性质。有机质可以增加土壤的保水性和保肥性，使土壤能够更好地保持水分和养分，减少水土流失和养分流失，还可以促进土壤团粒结构的形成，使土壤更加疏松、肥沃，使土壤更有利于农作物的生长发育。同时，生长过程中油菜根系还会分泌出糖类和氨基酸等有机化合物，为土壤微生物提供了能源和营养源，促进微生物活动，进而促进土壤有机质的合成和转化。

（三）提高土壤养分含量

油菜与根瘤菌有共生关系，根瘤菌可以固定空气中的氮素，为油菜生长提供氮源。当油菜残茬被分解时，这些固定的氮素又会释放到土壤中，供后续作物吸收利用。此外，油菜的根系在生长过程中会分泌有机酸等物质，这些物质可以溶解土壤中难溶性的养分，使其转化为可被植物吸收的形态，从而提高土壤的肥力。例如，油菜根系分泌的柠檬酸等有机酸可以与土壤中的钙元素结合，释放出被钙固定的磷元素，提高土壤中磷元素的有效性。

二、油菜培肥土壤的方式

油菜作为土壤培肥剂，其使用方法也较为多样（见图3）。第一种方法是将油菜进行翻耕还田。在油菜收获后，可使用机械设备将油菜连根一起翻耕到土壤中，使其在土壤中自然腐解。经过一段时间的分解，油菜残体中的养分就会释放出来，为土壤提供肥力。第二种方法是把其制作成堆肥。将油菜残茬与秸秆、畜禽粪便等其他有机物混合在一起，进行堆肥处理。在适宜的温度、湿度和通风条件下，经过一段时间的发酵，就可以制成优质的有机堆肥。这种堆肥可以在播种前施用到土壤中，改善土壤结构，提高土壤肥力。

图3　油菜翻压还田（左）和堆肥（右）

三、油菜培肥土壤的技术要点

（一）品种选择

要选择适合当地土壤、气候条件的油菜品种。例如，在寒冷的地区，应选择耐寒性强的品种；在土壤肥力较低的地区，可选择耐瘠薄的品种。不同品种对环境的适应性不同，合适的品种能更好地生长并发挥培肥作用。同时，应优先选择生物量高的油菜品种，这类品种地上部分生长茂盛，产生的残体多，有利于增加土壤有机质。例如，某些双低油菜品种生长势强，在同等种植条件下，能产生更多的茎、叶等残体。中国工程院院士、华中农业大学教授傅廷栋是我国著名油菜遗传育种学家、国际杂交油菜的主要开拓者（见图 4），他专注杂交油菜育种六十余年，带领团队先后研究培育出 80 多个油菜品种，累计推广种植超过 3 亿亩。从长江两岸到"三北"地区，每年油菜花遍地开放、美景连连，傅廷栋带领团队一路追随油菜花开，创造性地实践了"围绕一个特色产业，组建一个教授团队，设立一个攻关项目，支持一个龙头企业，带动一批专业合作社，助推一方百姓脱贫致富"的"六个一"产业精准扶贫模式。

图 4　傅廷栋与油菜

（二）合理施肥

在播种或移栽前施入基肥，要以有机肥为主，配合适量化肥。例如，腐熟的农家肥，每公顷可施用 15～30 t，它能缓慢释放养分并改善土壤结构。同时，可配合施用适量的磷肥（例如过磷酸钙等）和钾肥（例如氯化钾等），为油菜生长提供充足的养分基础。还要根据油菜生长发育阶段合理追肥。在油菜出苗后或移栽成活后及时追施提苗肥，促进幼苗生长。一般每亩施入尿素 5～8 kg，可结合浇水进行撒施，使肥料能够迅速被植株吸收。若在冬至前后施入腊肥，要以有机肥和磷钾肥为主，每亩可施入腐熟的农家肥 1000～1500 kg、过磷酸钙 15～20 kg、氯化钾 5～10 kg。腊肥可以提高油菜的抗寒能力，促进根系生长。油菜在抽薹期生长迅速，需肥量大，需施入薹肥，薹肥以氮肥为主，配合适量的磷肥和钾肥，一般每亩施入尿素 10～15 kg、过磷酸钙 10～15 kg、氯化钾 5～8 kg，薹肥可以促进油菜分枝生长，增加油菜的角果数和粒重。

（三）确定适宜种植密度

根据油菜品种、土壤肥力等确定种植密度。一般来说，肥沃土壤上可适当降低种植密度，保证单株有足够的生长空间；而在肥力较低的土壤上，可适当增加种植密度。例如，甘蓝型油菜在中等肥力土壤上，每公顷种植 15～20 万株较为适宜。合理的种植密度能充分利用土地资源，提高单位面积的生物量产出，增强培肥效果。

（四）轮作与间作

油菜采用与其他作物轮作的方式。例如，油菜与水稻轮作时，油菜的培肥作用能改善土壤结构和肥力，有利于后续水稻的生长。轮作可以打破病虫害的生存环境，减少病虫害发生，并且不同作物对土壤养分的需求不同，轮作可均衡土壤养分利用。此外，油菜与蚕豆间作时（见图 5），蚕豆的根瘤菌固氮能补充土壤氮素，油菜的培肥作用又能改善土壤环境，两者相互促进，提高土地的综合效益。

图 5　油菜与蚕豆间作

四、总结

油菜是大自然赋予人类的宝贵礼物。它用自己的美丽装点着世界，用自己的价值滋养着人类。油菜除油用、菜用、花用和饲用价值外，还有肥用价值。它通过改善土壤结构、增加土壤有机质等多种方式改善生态环境，为提高土壤肥力、促进农业可持续发展作出了积极贡献。在未来的农业生产中，我们应充分认识到油菜的价值，同时合理利用油菜进行土壤培肥，实现农业的绿色、高效、可持续发展。

五、思考题

a. 简述油菜培肥的原理。

b. 简述油菜培肥的方式。

c. 简述如何推进油菜培肥工作，实现农业绿色发展。

参考文献

［1］邓力超,李莓,范连益,等.绿肥油菜翻压还田对土壤肥力及水稻产量的影响［J］.湖南农业科学,2018（2）：18-20.

［2］王丹英,彭建,徐春梅,等.油菜作绿肥还田的培肥效应及对水稻生长的影响［J］.中国水稻科学,2012,26（1）：85-91.

［3］谢文娟.油菜对酸性土壤不同形态无机磷的活化利用及其生理变化研究［D］.南宁：广西大学,2005.

［4］顾炽明,李银水,谢立华,等.浅析油菜作为绿肥的应用优势［J］.中国土壤与肥料,2019（1）：180-183.

［5］杨旭燕,何玲,何文寿.绿肥油菜翻压还田对土壤肥力及玉米产量的影响试验［J］.吉林农业,2019（3）：56-57.

［6］周德平,吴淑杭,褚长彬,等.油菜绿肥还田对后茬水稻产量、稻田土壤理化性状及微生物的影响［J］.上海农业学报,2020,36（5）：68-73.

［7］GENARD T, ETIENNE P, DIQUELOU S, et al. Rapeseed-legume intercrops: plant growth and nitrogen balance in early stages of growth and development［J］. Heliyon, 2017, 3（3）, e00261.

秸秆还田：农业绿色发展的标杆

摘要：秸秆是成熟农作物茎叶（穗）部分的总称，是农业生产中的重要资源。秸秆还田是利用秸秆资源的有效途径。本案例介绍种类丰富的秸秆以及秸秆还田方式，以期提高学生对秸秆资源的重视并加深学生对不同秸秆还田方式和效果的了解。本案例有助于学生充分了解秸秆还田，并提高对农业绿色发展的认识。

关键词：秸秆还田；还田方式；培肥地力

Straw returning to field：The benchmark of agricultural green development

Abstract：Straw is a general term for the stem and leaf（ear）parts of mature crops，which is an important resource in agricultural production. Straw returning to the field is an effective way to use straw resources. This case introduces various types of straw and methods of returning straw to the field，in order to enhance students' attention to straw resources and deepen students' understanding of different methods and effects of returning straw to the field. This case study helps students fully understand crop residue return to soil and enhances their understanding of sustainable agricultural development.

Keywords：Straw returning to field；Method of returning to field；Fertilize soil

秸秆是农作物生产系统中一项重要的生物资源。秸秆占作物生物总量的50%左右，是一类极其丰富并且能直接利用的可再生有机资源。在过去，最常见的秸秆处理方式是直接焚烧，而燃烧产生的浓烟不仅污染了空气，还容易引发火灾，是对秸秆资源的极大浪费和对环境的严重破坏。

秸秆还田是利用秸秆进行还田的措施。秸秆中含有一定量的氮、磷、钾等营养元素，秸秆还田后可以直接为土壤提供养分，还可以为土壤微生物提供能源，加速土壤中养分的转化和循环，提高养分的有效性。此外，秸秆中还含有丰富的有机物质，如纤维素、半纤维素和木质素等。还田后，这些有机物质在土壤中逐渐分解，为土壤提供大量的有机质。有机质的增加可以改善土壤结构，提高土壤保水保肥的能力和通气性，促进土壤微生物的活动。秸秆还田还可以降低土壤容重，增加土壤孔隙度，改善土壤的团粒结构，增强土壤的稳定性，减少土壤侵蚀。总之，秸秆还田是世界上常见的一项培肥地力的增产措施，在杜绝了秸秆焚烧所造成的大气污染的同时还有增肥增产的作用。

一、无处不在的秸秆

秸秆是成熟农作物茎叶（穗）部分的总称，通常指小麦、水稻、玉米、油菜、棉花、甘蔗和其他农作物（通常为粗粮）在收获籽实后的剩余部分（见图1）。其一般占生物量的50%以上，富含氮、磷、钾、钙、镁和有机质等，是一种丰富且能直接利用的可再生资源。

图 1　玉米秸秆和小麦秸秆

中国是农业大国，也是秸秆资源最为丰富的国家之一。我国每年生产7亿多吨的秸秆，且随着农作物单产的提高，秸秆产量也将随之增加。历史上，中国一直有利用秸秆的优良传统，如农民用秸秆建房蔽日遮雨、用秸秆烧火做饭取暖、用秸秆养畜积肥还田，合理利用秸秆是中国传统农业的精华之一。我国使用秸秆还田的方式已有2000多年历史，但很长一段时间秸秆大部分仅用作燃料（见图2），少部分用于制作垫圈、喂养牲畜及还田，这对环境造成严重的污染。20世纪70年代以来，煤炭及液化天然气在农村普及，秸秆还田开始得到关注。北方地区对以秸秆覆盖为核心的保护性耕作进行了研究与推广，

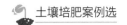
使其成为该区发展农业的有效措施。

图 2　焚烧秸秆

二、秸秆还田的方式及效果

秸秆还田方式可分为直接还田、堆沤还田、过腹还田、秸秆制备生物炭还田等类型。

（一）直接还田

直接还田又分为翻压还田和覆盖还田两种（见图 3）。翻压还田是在作物收获后，将作物秸秆在下茬作物播种或移栽前翻入土中。覆盖还田是将作物秸秆或残茬，直接铺盖于土壤表面。还田时将秸秆进行粉碎能使其更易于与土壤混合，加快其分解速度。此外，使用机械将粉碎后的秸秆均匀地抛撒在田间，可保证秸秆在田间分布均匀，避免堆积的情况产生，这有利于后续的翻埋作业。

图 3　翻压还田和覆盖还田

直接还田的方式比较简单、方便、快捷、省力。但直接还田延长了秸秆腐解时间，导致土壤微生物与后茬作物在苗期争氮，可能会出现黄苗、弱苗现象，影响作物生长。此外，直接还田会造成病虫害累积，尤其是连作病虫害的发生比常规连作更严重。有关学者进一步研究后还发现，秸秆直接还田会释放大量二氧化碳和甲烷，对环境产生污染。

（二）堆沤还田

堆沤还田是将作物秸秆与畜禽粪便、厩肥等有机物料混合制成堆肥、沤肥，并在其腐熟后施入土壤的方式，根据含水量不同分为沤肥还田和堆肥还田（见图4）。秸秆堆沤时腐熟矿化加速，释放养分，同时可以降解有害的有机酸、多酚，杀灭寄生虫卵、病原菌及杂草种子等。堆沤还田可以提高土壤肥力，改善土壤结构，同时减少环境污染，但氮素易流失，且费工、费时，利用率较低。

图4　堆沤还田

（三）过腹还田

过腹还田是指秸秆被牲畜食用后，以畜粪尿的形式施入土壤中的还田方式（见图5）。该方式经济效益与生态效益明显。秸秆是反刍家畜粗饲料的重要来源，被动物吸收的养分转化为肉、奶等，其余的变为粪便施入土壤以培肥地力，这既提高了经济效益，又实现了资源循环利用，但转化比例仅为25%～35%，因此需要注意饲料的搭配和家畜的饲养管理，以确保家畜的健康和粪便的质量。

图 5　过腹还田

（四）秸秆制备生物炭还田

利用秸秆制备成的生物炭具有孔隙结构发达、比表面积大、吸附能力强、生物相容性好等特点（见图 6）。研究发现生物炭可以作为一种土壤改良剂，在改善土壤结构、提高土壤肥力、保持养分等方面具有促进作用；还能通过改善土壤理化性质而改变土壤微生物群落结构，进而调节碳、氮循环过程以及减少土壤温室气体的排放。此外，生物炭还能吸收土壤中的重金属及有机污染物，起到修复环境的作用。总之，生物炭除作为土壤改良剂被广泛应用外，在贮存

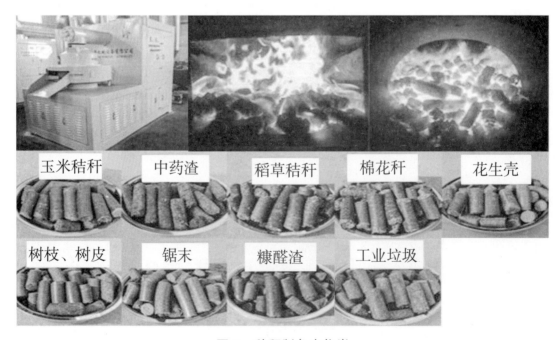

图 6　秸秆制备生物炭

碳汇、中和温室气体排放、资源再利用等方面也发挥着重要作用。但不同原料来源的生物炭效果不同，且不同地力条件下生物炭发挥的效果也不一致。

三、总结

我国秸秆资源丰富但利用不充分，秸秆还田是资源循环利用的有效途径。秸秆还田可避免焚烧造成的环境污染和资源浪费，改善土壤理化性状、提高作物产量，实现农业可持续发展。秸秆还田作为保护性耕作的一部分，应用前景广阔。当前应做好推广工作，强化农民秸秆还田意识，并改进秸秆还田技术以适应不同作物及耕作制度，同时完善各种还田机具。在进行秸秆还田时需要注意还田量、病虫害防治等问题，使秸秆还田发挥出应有的作用。

四、思考题

a. 简述秸秆还田的方式。

b. 简述秸秆还田的优缺点。

c. 简述秸秆还田如何提高农作物产量。

d. 简述如何推进秸秆还田工作，实现农业绿色发展。

参考文献

［1］王亮，柳洪良，朴雪梅，等．水稻秸秆还田栽培综合技术［J］．北方水稻，2016，46（6）：37-38，41.

［2］丁天宇，郭自春，钱泳其，等．秸秆还田方式对砂姜黑土有机碳组分和孔隙结构的影响［J］．农业工程学报，2023，39（16）：71-78.

［3］张晋爱，史泽根．秸秆饲料化利用的研究进展［J］．中国饲料，2023（14）：9-12.

［4］董晋，巴雪真，时骄禹，等．东北地区粮食产能安全保障的多重障碍与突破路径［J］．农业现代化研究，2023，44（5）：755-764.

［5］高鸣，赵雪．农业强国视域下的粮食安全：现实基础、问题挑战与推进策略［J］．农业现代化研究，2023，44（2）：185-195.

［6］薛颖昊，冯浩杰，孙仁华，等．农作物秸秆肥料化利用研究文献计量分析［J］.

中国农业资源与区划,2023,44（1）:108-118.

[7]赵怀瑾,缪新伟.滁州地区秸秆直接还田存在的问题及应对措施[J].现代农业科技,2020（14）:173-174.

[8]李玉洁,王慧,赵建宁,等.耕作方式对农田土壤理化因子和生物学特性的影响[J].应用生态学报,2015,26（3）:939-948.

[9]高晗,张环宇,于双成,等.浅析秸秆还田技术[J].南方农业,2021,15（32）:229-231.

[10]侯建伟,邢存芳,杨莉琳,等.生物炭与有机肥等碳量投入土壤肥力与细菌群落结构差异及关系[J].环境科学,2023:1-15.

[11]LIU W, WANG S T, LIN P, et al. Response of $CaCl_2$-extractable heavy metals, polychlorinated biphenyls, and microbial communities to biochar amendment in naturally contaminated soils [J]. Journal of Soil & Sediments, 2016,16（2）:476-485.

[12]李玉洁,王慧,赵建宁,等.耕作方式对农田土壤理化因子和生物学特性的影响[J].应用生态学报,2015,26（3）:939-948.

[13]陈昭旭,高聚林,于晓芳,等.不同耕作及秸秆还田方式对土壤物理性质及作物产量的影响[J].内蒙古农业大学学报(自然科学版),2022,43（6）:21-27.

[14]聂浩亮,杨军芳,杨云马,等.长期秸秆深翻还田及养分管理对潮土有机碳矿化影响[J/OL].农业工程学报,1-11[2024-10-10].http://kns.cnki.net/kcms/detail/11.2047.s.20240910.1032.046.html.

[15]施启欢,张艳杰,周桂香,等.长期秸秆还田对土壤丛枝菌根真菌及其生态网络的影响[J/OL].土壤学报,1-14[2024-10-10].http://kns.cnki.net/kcms/detail/32.1119.P.20240918.1045.004.html.

紫云英：广西土壤培肥的福音

摘要：红黄壤是广西耕地占据绝对优势的土壤，但高温多雨条件下形成的地带性红黄壤天然就存在"酸""瘦""黏""胶体品质差"等特点，土壤自然肥力"先天不足"。在高强度垦植活动下，耕层土壤有机质快速分解，同时化肥特别是生理酸性肥料的施用加剧了土壤酸化，导致红黄壤区出现耕层浅薄化、有机质含量普遍偏低、土壤板结等情况，以及土壤生态系统功能退化、肥料利用效率愈发降低等问题。绿肥还田技术可有效培肥土壤，增强土壤供肥能力，减少化学肥料的施用，提高养分资源利用率。本案例以常见的一种绿肥——紫云英为例，详细介绍了紫云英的植物形态和特征，以期引导学生深入分析紫云英的社会经济价值。

关键词：紫云英；土壤培肥；土壤改良

Ziyunying：the Gospel of soil fertilization in Guangxi

Abstract：Red-yellow soil is the most dominant soil in Guangxi. However, the zonal red-yellow soil formed under high temperature and rainy conditions naturally has the characteristics of "acid" "viscosity" "poor colloidal quality", and the natural fertility of the soil is "congenital insufficient". Under intensive cultivation, the organic matter in cultivated soil is rapidly decomposed. Meanwhile, the application of chemical fertilizers, especially physiologically acidic fertilizers, intensifies soil acidification, resulting in shallow cultivated soil layer, generally low organic matter content, soil compaction, etc., and the problems such as the deterioration of soil ecosystem function, and the decreasing efficiency of fertilizer utilization in red-yellow soil areas. Green manure return to feild can effectively fertilize soil, enhance soil fertilizer supply capacity, reduce chemical fertilizer application, and improve nutrient resource utilization. This case takes a common type of green manure—

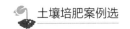
Chinese milk vetch as an example, and introduces the plant morphology and characteristics of Chinese milk vetch in detail, in order to guide students to deeply analyze the social and economic value of Chinese milk vetch.

　　Keywords：Chinese milk vetch；Soil fertilization；Soil improvement

　　广西红黄壤面积占全区总土地面积的 74.5%，其在广西农业生产、生态环境保护中以及实现"双碳"目标具有举足轻重的地位和作用。近年来，人类活动对自然环境的破坏越来越剧烈，全球极端气候频繁发生，同时长期大规模的耕地开发、生产粗放和过度利用加速了土壤侵蚀强度和范围，土壤中的有机碳因迁移、矿化而流失，加之农药和化肥过度施用、只种不养等问题使土壤加剧退化，最终导致土地生产力下降。为实现农业绿色发展，广西农业科技工作者致力寻找合适的土壤培肥措施。绿肥因来源广、数量大、成本低、提升地力效果好、可减少温室气体产生等优点从众多措施中脱颖而出，被称为农业生产的"宠儿"。

一、种类繁多的绿肥

　　绿肥的种类很多，根据分类原则不同，可分为下列各种类型（见图 1）。

图 1　多种多样的绿肥

（1）按绿肥来源分类：栽培绿肥，指人工栽培的作物制成的绿肥；野生绿肥，指非人工栽培的野生植物制成的肥料，如杂草、树叶、鲜嫩灌木等。

（2）按植物学科分类：①豆科绿肥，豆科植物根部有根瘤，根瘤菌有固定空气中氮素的作用，如紫云英（*Astragalus sinicus*）、苕子（*Vicia dasycarpa*）、豌豆（*Pisum sativum*）、豇豆（*Vigna unguiculata*）等；②非豆科绿肥，指一切没有根瘤的，本身不能固定空气中氮素的植物制成的肥料，如欧洲油菜（*Brassica napus*）、黑麦草（*Lolium perenne*）、金光菊（*Rudbeckia laciniata*）等。

（3）按生长季节分类：①冬季绿肥，指秋冬播种，第二年春夏收割的绿肥，如鼠茅（*Vulpia myuros*）、紫云英、苕子、蚕豆（*Vicia faba*）等；②夏季绿肥，指春夏播种，夏秋收割的绿肥，如田菁（*Sesbania cannabina*）、菽麻（*Crotalaria juncea*）、猪屎豆（*Crotalaria pallida*）等。

（4）按生长期长短分类：①一年生或越年生绿肥，如菽麻、豇豆、苕子等；②多年生绿肥，如鼠茅、木豆（*Cajanus cajan*）、银合欢（*Leucaena leucocephala*）等；③短期绿肥，指生长期很短的绿肥，如绿豆（*Vigna radiata*）、大豆（*Glycine max*）等。

（5）按生态环境分类：①水生绿肥，如空心莲子草（*Alternanthera philoxeroides*，俗名水花生）、凤眼莲（*Eichhornia crassipes*，俗名水葫芦）和绿萍（*Azolla pinnata subsp. asiatica*）；②旱生绿肥，指一切旱地栽培的植物制成的肥料；③稻底绿肥，指在水稻未收前种下的植物制成的肥料，如稻底紫云英、苕子等。

二、漂亮的紫云英

广西利用冬闲田地种植绿肥，目前已基本形成了桂北、桂东北、桂西北和桂中部各县（区、市）以紫云英、茹菜、油菜为主，桂西、桂西南和桂东南以苕子、紫云英为主的绿肥生产新格局，极大促进了广西绿肥产业的发展。其中，紫云英鲜草富含氮（0.4%）、磷（0.11%）、钾（0.35%），已成为广西稻田最主要的冬季绿肥作物。

紫云英（见图2），又名红花草、草子，是豆科越年生草本植物，喜壤土或黏壤土，亦适应无石灰性冲积土；喜湿润，不耐瘠薄，较耐酸。成熟紫云英匍匐多分枝，高10～30 cm，被白色疏柔毛。奇数羽状复叶，具7～13片小叶，长 5 ～ 15 cm；叶柄较叶轴短；托叶离生，卵形，长 3 ～ 6 mm，先端尖，基部互相多少合生，具缘毛；小叶倒卵形或椭圆形，先端钝圆或微凹，基部宽楔形，上面近无毛，下面散生白色柔毛，具短柄。总状花序 5 ～ 10 花，有花，呈伞形；总花梗腋生，较叶长；花梗短；花萼钟状，长约 4 mm，被白色柔毛，萼齿披针形；花冠紫红色或橙黄色，旗瓣倒卵形，瓣片长圆形；荚果线状长圆形，稍弯曲，长 12 ～ 20 mm，宽约 4 mm，具短喙，黑色，有隆起的网纹；种子肾形，栗褐色，长约 3 mm；花期 2 ～ 6 月，果期 3 ～ 7 月。

图 2　紫云英

三、紫云英的培肥效果

紫云英是营养比较全面的有机肥源，氮、磷、钾养分十分丰富，可作为稻田绿肥。当紫云英翻压还田后，这些有机物质逐步分解，为土壤提供丰富的有机质来源。有机质的增加可以改善土壤结构，提高土壤的保水保肥能力和通气性，为土壤微生物提供良好的生存环境。同时，紫云英的根系和残体为土壤微生物提供了丰富的碳源和能源，促进土壤微生物的繁殖和活动。有益微生物的增加可以加速土壤中有机物质的分解和养分的转化，提高土壤的肥力和土壤生物活性。此外，紫云英与根瘤菌的共生作用可提高固氮能力，其根系分泌酸性物质可以提高土壤矿质养分活性，株体腐解时对土壤氮素的激发量很大，因而在等氮量条件下对后作的增产效果比苕子、蚕豆等绿肥作物强，在我国南方农田生态系统中维持农田土壤氮循环有着重要的意义。配施适量的紫云英绿肥，比单施化学肥料更有利于水稻的营养积累和产量提高，同时还能减少化肥用量。

一般在秋季水稻收获前后种植紫云英，但具体还是要根据当地的气候和土壤条件，确定最佳的播种期，以确保紫云英的良好生长。同时，要控制紫云英的播种量，保证适宜的种植密度。合理的种植密度可以促进紫云英良好的生长发育，提高其养分含量。在紫云英生长期间，还要进行适当的田间管理，如施肥、浇水、防治病虫害等。紫云英在盛花期或结荚期的生物量和养分含量较高，可以在这个时期对紫云英进行翻压还田，翻压深度通常为 15～20 cm，确保紫云英与土壤充分接触，加速其分解。

四、紫云英的经济价值

显而易见，作为广西主要的绿肥之一，紫云英具有巨大的生态价值，不仅可以培肥土壤，还能减少温室气体排放，改善生态环境。除此之外，紫云英还有着令人欣喜的经济价值。紫云英茎叶等部分可作为饲料，而嫩梢可作为蔬菜食用。紫云英还是我国主要蜜源植物之一，花期时每群蜂可采蜜 20～30 kg，最高可达 50 kg。此外，紫云英的根、全草、种子均可入药，具有祛风邪、明目、健脾胃、益气、清热、解毒、止痛、利尿消肿、活血、散瘀等功效，可用于治疗急慢性肝炎、营养不良性水肿、白带异常、月经不调、经期腹痛、急性结膜炎、神经痛、带状疱疹、痔疮、精神不振、气血虚弱、咽喉肿痛、咳嗽、跌打损伤、尿路感染、尿血等病症。

图 3 紫云英全草和种子

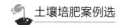

五、总结

紫云英具有巨大的生态价值和令人欣喜的经济价值。作为一种优质的绿肥作物，紫云英在培肥土壤方面具有重要的作用。通过合理的种植和管理，可以充分发挥紫云英的培肥效果，提高土壤肥力，促进农业的可持续发展。

六、思考题

a. 简述紫云英的培肥效果和机制。

b. 简述紫云英培肥土壤的方法。

c. 分析紫云英翻压还田后如何影响微生物群落。

参考文献

［1］廖美哲,张宗文,白可喻.中国农业生态系统多样性保护研究现状与展望［J］.生物多样性,2023,31（7）：166-181.

［2］黄彬香,潘志华,王靖,等.生态保育型农业内涵、实施途径与研究趋势［J］.山西农业科学,2022,50（8）：1143-1149.

［3］赵学强,潘贤章,马海艺,等.中国酸性土壤利用的科学问题与策略［J］.土壤学报,2023（5）：1-15.

［4］陈检锋,梁海,王伟,等.玉米—绿肥轮作体系下光叶紫花苕的氮肥替代和土壤肥力提升效应［J］.植物营养与肥料学报,2021,27（9）：1571-1580.

［5］SSENKU J E, NABYONGA L, KITALIKYAWE J, et al. Potential of Azolla pinnata R.Br.green manure for boosting soil fertility and yield of terrestrial crops in Uganda：a case study of Eleusine coracana（L.）Gaertn［J］. Journal of Crop Science and Biotechnology,2021,25（1）：9-18.

［6］谢志坚,周春火,贺亚琴,等.21世纪我国稻区种植紫云英的研究现状及展望［J］.草业学报,2018,27（8）：185-196.

［7］刘英,王允青,张祥明,等.种植紫云英对土壤肥力和水稻产量的影响［J］.安徽农学通报,2007（1）：98-99,189.

［8］刘春增,刘小粉,李本银,等.紫云英配施不同用量化肥对土壤养分、团聚性及

水稻产量的影响［J］.土壤通报，2013,44（2）：409-413.

［9］徐昌旭，谢志坚，许政良，等.等量紫云英条件下化肥用量对早稻养分吸收和干物质积累的影响［J］.江西农业学报，2010,22（10）：13-14,23.

［10］SSENKU J E, NABYONGA L, KITALIKYAWE J, et al. Potential of Azolla pinnata R. Br. green manure for boosting soil fertility and yield of terrestrial crops in Uganda: a case study of Eleusine coracana（L.）Gaertn［J］. Journal of Crop Science and Biotechnology, 2021,25（1）：9-18.

［11］谢志坚，周春火，贺亚琴，等.21世纪我国稻区种植紫云英的研究现状及展望［J］.草业学报，2018,27（8）：185-196.

［12］陈翠花，周永逸，薛佳，等.基于HPLC的罗布麻与白麻不同部位活性成分比较分析［J］.中国现代中药，2023,25（5）：1010-1019.

［13］周方亮，李峰，黄雅楠，等.紫云英添加对土壤团聚体组成及有机碳分布的影响［J］.土壤，2020,52（4）：781-788.

［14］高嵩涓，周国朋，曹卫东.南方稻田紫云英作冬绿肥的增产节肥效应与机制［J］.植物营养与肥料学报，2020,26（12）：2115-2126.

第二章

单一培肥技术

广西油茶土壤地力提升关键技术

摘要：油茶作为广西林业的特色和优势产业，既是造林绿化的重要内容，也是林业经济发展的重要力量，是壮大县域经济的支柱产业，更是长线扶贫产业，可以作为长期巩固精准脱贫成效的压舱石。本案例以广西油茶主产区林地土壤为研究对象，以林地立地条件信息为基础，以林木生长需肥规律为依据，摸清广西油茶土壤肥力状况，探讨合理的施肥措施。该案例分析可为促进广西油茶产业的友好发展提供理论和技术借鉴。本案例有助于学生充分理解广西油茶主产区土壤养分特征、不同发育阶段养分吸收与分配规律，以及测土配方施肥关键技术，全面提升学生发现问题和解决问题的能力。

关键词：油茶；土壤养分；土壤培肥；关键技术

Key techniques for improving soil fertility of oil-tea camellia in Guangxi

Abstract：As the characteristic and advantageous forestry industry in Guangxi，oil-tea camellia is not only an important content of afforestation，but also an important force for the development of forestry economy，and a pillar industry for the expansion of county economy. More importantly，it is a long-term poverty alleviation industry，which can become the ballast stone for the long-term consolidation of precise poverty alleviation results. This case takes the forest soil of the main producing areas of oil-tea camellia in Guangxi as the research object，finds out the soil fertility status of oil-tea camellia in Guangxi，and discusses the reasonable fertilization measures based on the information of the site conditions of forest land and the law of the growth requirement of forest trees. The analysis of this case can provide theoretical and technical reference for promoting the friendly development of Guangxi oil-tea camellia industry. This case will help students fully understand the characteristics of soil nutrients in the main producing areas of oil-tea

camellia in Guangxi, the rules of nutrient absorption and distribution at different development stages, as well as the key technologies of soil testing and formula fertilization, and comprehensively improve students' ability to find, analyze and solve problems with their professional knowledge.

　　Keywords：Oil-tea camellia；Soil nutrients；Soil fertilization；Key technology

一、背景

　　油茶是广西主要的传统特色经济林，种植历史悠久，区位优势突出，是广西九大农业产业和五大林业产业之一。油茶籽油中富含油酸和亚油酸等不饱和脂肪酸，含量一般在 90% 以上，其营养价值和保健价值可与橄榄油相媲美，是名副其实的优质食用植物油。同时，茶油及其副产品在工业、农业、医药等方面具有多种用途。油茶一次种植可多年受益，其稳产收获期可达几十年，具有轻劳力、管护少等优点，是名副其实的"铁杆庄稼"。广西拥有得天独厚的自然条件，林业资源丰富，油茶种植可以在打好脱贫攻坚战、促进绿色发展、助力乡村振兴、壮大林业方面做大文章。

　　广西属亚热带季风气候区，气候湿润，油茶品种繁多，栽培区域广泛。目前，全区各市均有种植。在油茶栽培种植区域上，可划为桂南区、桂中区、桂北区三大主栽区域。其中种植面积大于 0.67 万 hm² 的县（区）有 20 个，种植面积为 0.33 ～ 0.67 万 hm² 的县（区）有 12 个，种植面积为 0.07 ～ 0.32 万 hm² 的县（区）有 13 个。广西油茶自然分布种类有油茶（*Camellia oleifera*）、小果油茶（*Camellia meiocarpa*）、广宁红花油茶（*Camellia semiserrata*）、陆川油茶（*Camellia vietnamensis*）、博白大果油茶（*Camellia gigantocarpa*）、宛田红花油茶（*Camellia polyodonta*）、南荣油茶（*Camellia nanyongensis*）等。但是，由于产业资金投入缺口大，高产示范基地偏少且分布不均衡，低产低效林比例较大，加工销售滞后，且茶果采收不当，造成广西油茶产业严重受损。

　　为促进广西油茶产业的发展，提升广西油茶的品牌影响力，应从以下三方面着手整改。一是落实产业发展规划。全面贯彻落实党中央和自治区党委关于加快木本油料产业发展的相关文件精神，进一步扩大资源规模，夯实产业发展基础；以广西建设现代特色农业（核心）示范区为抓手，通过"双高"示范园建设，创建油茶现代特色林业（核心）示范区，推广油茶产业发展新理念、新技术、新模式，打造一批规模化种植、标准化生产、集约化经营、融合化发展的高产高效示范园，推动全区油茶产业做强做优做大。二是完善各项扶持政策。加大自治区财政投入，各级财政每年下达配套资金，统筹用于油茶产业发展；鼓励各县（市、区）将油茶产业列入本县（市、区）扶贫特色产业，并给予重点扶持；提高油茶新种植及低产林改造补助标准，对重点油茶加工企业进行补贴；重点落实推进金融机构面向林、农等生产经营者的贷款扶持政策，争取和相关银行联合出台油茶产业贷款管理办法、油茶林地资源资产评估办法和油茶林权抵押担保实施办法，加大对企业和专业合作社组织发展油茶产业的扶持力度。三是强化产业科技支撑。加强香花油茶、陆川油茶等抗逆性强、生长迅速的优良品种的选育和栽培技术研究，逐步向崇左、防城港市等北回归线以南地区推广应用；加强油茶科技人才培育和先进实用技术推广，在生产一线开设油茶科技课堂，培养一批油茶"乡土专家"，在油茶主要产区的每个村建立一个示范点，切实做到"县有技术专家，乡有技术骨干，村有技术能人"。

二、案例分析

（一）研究地概况

1. 油茶苗期调查区

油茶苗期调查区位于广西壮族自治区林业科学研究院的油茶山苗圃内，地理位置为东经 108° 21′ 10″，北纬 22° 6′ 14″，属典型的南亚热带湿润气候区，年均温度为 21.8 ℃，1 月平均温度为 12.8 ℃，7 月平均温度为 27.8 ℃，极端最低温度为 –1.5 ℃，极端最高温度为 39.4 ℃。年均降水量为 1350 mm，年均相对湿度为 80%。试验区海拔为 95 m，为低山丘陵地貌类型。土壤是由砂页岩发育而成的砖红壤，pH 值为 5.0 ～ 6.0；坡度较缓，土层深厚，土壤肥力高，阳光充足。试验区调查的油茶植株为半年生的无性系岑软 2 号营养杯苗。

2. 油茶中幼林调查区

油茶中幼林调查区位于广西巴马瑶族自治县境内，地理位置为东经 107° 0′ 24″，北纬 24° 5′ 24″，属亚热带季风气候区，年平均气温为 20.4 ℃，极端最低温度

为 –2.4 ℃，极端最高温度为 38.4 ℃，10 ℃ 及以上的年平均活动积温为 6000 ℃；年均降水量为 1700 mm，降水集中在 5 ～ 10 月；年均蒸发量为 1406.9 mm，降水量大于蒸发量；年均相对湿度为 78%。试验区海拔为 500 ～ 750 m，为山地地形。试验区为 6 年生的油茶人工林地，品种为岑溪软枝油茶，种植密度为 3 m×2 m。其林下植被主要为铁芒箕（*Dicranopteris linearis*）、五节芒（*Miscanthus floridulus*）、桃金娘（*Rhodomyrtus tomentosa*）、乌毛蕨（*Blechnum orientalis*）等。

3. 油茶成林调查区

油茶成林调查区位于广西柳州市三江侗族自治县境内，地理位置为东经 109° 27′ 35″，北纬 25° 49′ 46″，属中亚热带湿润季风气候区，气候温暖，日照充足，太阳辐射强，雨量充沛。年日照时数为 1525 小时，多年平均气温为 20.4 ～ 21.9 ℃，年均无霜期 321 天以上，多年平均降水量为 1304 ～ 2900 mm。试验区海拔 220 m 左右，为典型的低山丘陵地貌。土壤为黄红壤，主要成土母岩有花岗岩、砂岩和页岩。林地土壤普遍呈酸性。油茶种植品种为孟江油茶，种植密度为 1200 株 /hm²。

（二）测土配方施肥试验设计

1. 油茶苗期配方施肥

在农业生产的叶面施肥中，不同溶液施肥的浓度不同，如磷酸二氢钾溶液的常用浓度为 0.3%，尿素溶液常用浓度为 0.5% ～ 2%，硫酸锌溶液常用浓度为 0.1% ～ 0.2%，硫酸钾溶液常用浓度为 1% ～ 1.5%。广西壮族自治区林业科学研究院林业土壤与肥料研究所采用 L₉（3⁴）正交试验（见表 1 和表 2）来研究不同配比溶液叶面施肥对油茶幼苗生长和养分吸收的影响，设计了 4 个因素、3 个水平，共 9 种处理方式，同时设对照组 CK。

表 1　因素水平

因素	水平 1	水平 2	水平 3
N	19	14	11
P_2O_5	13	8	4
K_2O	12	9	4
喷施浓度	0.5%	2%	5%

表2　L₉（3⁴）正交试验设计

处理方式	N	P₂O₅	K₂O	喷施浓度
1	19	13	12	0.50%
2	19	8	9	2.00%
3	19	4	4	5.00%
4	14	13	9	5.00%
5	14	8	4	0.50%
6	14	4	12	2.00%
7	11	13	4	2.00%
8	11	8	12	5.00%
9	11	4	9	0.50%

2. 油茶中幼林配方施肥

根据试验地的土壤肥力和林分生长情况，按氮、磷、钾3种肥料的不同水平设计3个不同的施肥处理试验，其中1个不施肥处理试验作为对照（见表3）。

表3　油茶中幼林配方施肥试验设计处理

处理方式	配方比（N：P：K）	微量元素和有机质	施肥量（kg/株）	总养分
A	16：6：8	5% 微量元素、10% 有机质	0.50	30%
B	12：8：10	5% 微量元素、10% 有机质	0.50	30%
C	10：10：10	无微量元素和有机质	0.50	30%
CK（对照）	—	—	—	—

3. 油茶成林配方施肥

根据试验地的土壤肥力和林分生长情况，按30%总养分设定配方，1个不施肥处理作为对照（见表4）。

表4　油茶成林配方施肥试验设计处理

处理方式	配方比（N：P：K）	其他添加物	施肥量（kg/株）
1	14：7：9	添加 15% 茶麸，每吨添加七水硫酸锌 10 kg、硼砂 10 kg、硫酸亚铁 20 kg	0.50
2	10：10：10	添加 15% 茶麸，每吨添加七水硫酸锌 10 kg、硼砂 10 kg、硫酸亚铁 20 kg	0.50
3	12：9：9	无添加	0.50
CK（对照）	—	—	—

（三）油茶不同生长发育期配方施肥效果

1. 油茶苗期配方施肥效果

通过对油茶幼苗不同时间段叶片数和分枝数进行方差分析（见表5），结果表明除处理3、处理4和处理8外，其余处理的叶片净增量均高于CK处理，其中处理6和处理7叶片数净增量与CK处理之间差异达到显著水平，说明在油茶苗期以氮含量为11%～14%、养分总量（$N+P_2O_5+K_2O$）为28%～30%、喷施浓度为2%的叶面肥对苗木生长促进效果较好；当叶面施肥浓度为5%时，会因为养分浓度过高而容易造成烧苗。处理6、处理7、处理9油茶幼苗分枝数显著高于CK处理，分别比CK处理高出128.17%、163.38%和109.86%；处理3由于营养分配比及喷施浓度均较高导致分枝被明显抑制，处理1、处理2、处理5、处理6、处理7、处理9之间差异不显著。综合得出，处理6和处理7对促进油茶幼苗叶片增长和分枝效果较好。

表5　不同叶面施肥处理油茶幼苗叶片数及分枝数方差分析结果

处理方式	叶片数净增量（片）	比CK增加	分枝数净增量（个）	比CK增加
1	8.64ab	30.91%	1.13abc	59.15%
2	8.45ab	28.03%	1.02abc	43.66%
3	5.03c	−23.79%	0.76c	7.04%
4	6.32bc	−4.24%	1.18abc	66.20%
5	8.98ab	36.06%	1.33ab	87.3%
6	10.24a	55.15%	1.62ab	128.17%
7	11.07a	67.73%	1.87a	163.38%
8	6.59bc	−0.15%	1.22abc	71.83%
9	9.24ab	40.00%	1.49ab	109.86%
CK	6.60bc	—	0.71c	—

注：同列中不同小写字母表示不同处理间差异显著（$P < 0.05$）。

如表6所示，苗高净增量为处理7＞处理6＞处理1＞处理2＞处理9＞处理5＞CK＞处理4＞处理8＞处理3，其中处理1、处理6和处理7苗高净增量分别比CK处理高出31.13%、31.83%、42.13%，与CK处理的差异达到显著水平，但各处理间的差异不显著，说明较高氮含量的叶面肥对油茶幼苗苗高增长有利。各处理地径净增量依次为处理 7 ＞处理 2 ＞处理 6 ＞处理 9 ＞处理 1 ＞处理 5 ＞处理 4 ＞CK ＞处理 8 ＞处理 3，处理 2 与处理 7 的地径净增量与 CK 处理之间差异显著，比 CK 处理分别高出 36.23% 和 37.68%，但处理 1、处理 2、处理 6、处理 7、处理 9 之间无显著差异。综合苗高和地径的分析结果，从元素配比来看，处理 6 和处理 7 对促进幼苗苗高和地径生长效果较好；叶面施肥浓度为 2% 时效果最佳，浓度为 0.5% 次之，浓度为 5% 时不利于油茶幼苗生长。因此，在叶面施肥期间，可先从低浓度开始施肥，根据植株生长需要逐渐提高施肥浓度。

表 6　不同叶面施肥处理油茶幼苗苗高及地径方差分析结果

处理	苗高净增量（cm）	比 CK 增加	地径净增量（mm）	比 CK 增加
1	11.33ab	31.13%	0.81ab	17.39%
2	10.57abc	22.34%	0.94a	36.23%
3	4.62f	−46.53%	0.47c	−31.88%
4	8.02de	−7.18%	0.74bc	7.25%
5	9.45bcde	9.37%	0.77bc	11.59%
6	11.39ab	31.83%	0.88ab	27.54%
7	12.28a	42.13%	0.95a	37.68%
8	7.57e	−12.38%	0.65bc	−5.80%
9	10.40abc	20.37%	0.84ab	21.74%
CK	8.64cde	—	0.69bc	—

注：同列中不同小写字母表示不同处理间差异显著（$P < 0.05$）。

从表 7 来看，喷施叶面肥后，各施肥处理根茎叶各部分氮、磷、钾的养分含量均有所提高，其中油茶幼苗对氮的吸收利用量远远超过磷和钾，各处理的根、茎、叶氮含量表现为叶＞根＞茎。从养分总量来看，油茶苗期对元素的需求比例为 N：P：K= 7.5：1：5，但从形态指标结果得出叶面施肥处理 6 和处理 7 对促进油茶幼苗生长效果较好，而处理 7 中磷养分比例远远超出养分需求量，表明油茶苗期适当增施磷肥有利于幼苗对养分的吸收。另外，氮、磷、钾养分总量控制在 28% ～ 30% 为宜。

表 7　喷施叶面肥后油茶幼苗各器官养分含量比较

处理	根养分含量			茎养分含量			叶片养分含量		
	N	P	K	N	P	K	N	P	K
1	0.85%	0.11%	0.74%	0.75%	0.15%	0.56%	1.20%	0.09%	0.73%
2	1.71%	0.12%	0.83%	1.18%	0.16%	0.64%	2.02%	0.12%	1.03%
3	2.38%	0.17%	0.62%	1.59%	0.16%	0.48%	2.62%	0.12%	0.99%
4	1.90%	0.23%	0.92%	1.40%	0.27%	0.54%	2.46%	0.20%	0.97%
5	0.95%	0.12%	0.58%	0.85%	0.14%	0.54%	1.35%	0.12%	0.56%
6	1.76%	0.12%	1.14%	1.13%	0.13%	0.63%	1.87%	0.12%	0.88%
7	1.65%	0.22%	1.06%	1.11%	0.25%	0.62%	1.90%	0.18%	0.88%
8	1.79%	0.19%	0.97%	1.31%	0.19%	0.68%	2.14%	0.17%	1.00%
9	0.84%	0.12%	0.79%	0.76%	0.16%	0.65%	1.20%	0.11%	0.77%
CK	0.81%	0.10%	0.70%	0.76%	0.12%	0.53%	1.04%	0.09%	0.53%
处理前	0.99%	0.14%	1.04%	0.74%	0.11%	0.62%	1.31%	0.10%	0.74%

2. 油茶中幼林配方施肥效果

不同施肥处理对油茶中幼林株高生长影响差异很大。由图 1 可知，不同施肥处理对油茶株高的影响随着施肥次数的增加逐渐明显。在第一次施肥半年后（2011 年 11 月），各处理间油茶株高差异不明显；第二次施肥半年后（2012 年 11 月），处理 A、处理 B 和处理 C 的油茶株高差异不明显，但均开始逐步优于处理 CK；第三次施肥半年后（2013 年 11 月），各处理间油茶株高差距明显，其中，处理 A 的油茶株高生长最明显，处理 CK 最差。连续施肥 3 年后，处理 A 的

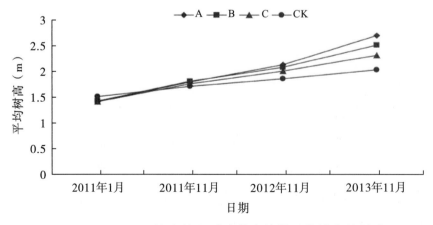

图 1　不同施肥处理对油茶中幼林平均株高的影响

平均株高达到 2.71 m，分别是处理 B、处理 C 和处理 CK 的 107.12%、116.31%、132.84%。由此可见，合理配方施肥的处理 A 对油茶中幼林株高增长的促进作用最明显。

不同的施肥处理对油茶中幼林地径的影响不同。从图 2 可知，2012 年 11 月前，4 个处理间油茶地径生长均有相同的生长趋势，生长幅度较一致，且生长差异不明显；第三次施肥后开始逐渐拉大差距，处理 A、处理 B 与处理 C、处理 CK 之间油茶地径差异更大，处理 C 与处理 CK 差异不显著。由此可预测，随着施肥次数的增多，差距会不断加大。至第三次施肥半年后（2013 年 11 月），处理 A 和处理 B 的油茶地径生长较处理 C 和处理 CK 有明显优势，且处理 A（53.95 mm）最优，与处理 B（49.48 mm）存在显著差异，处理 CK（42.86 mm）最差，与处理 C（43.95 mm）的差异不显著，说明处理 A 对油茶的地径生长有明显的促进作用。

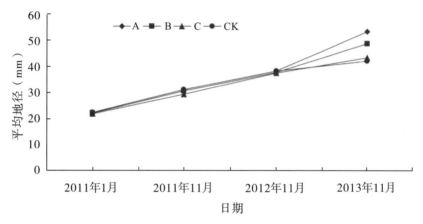

图 2 不同施肥处理对油茶中幼林平均地径生长的影响

由表 8 可知，施肥前油茶林地土壤的有机质含量基本一致，差异不显著；第一次施肥后，除处理 CK 的有机质含量增加外，其余各处理的有机质含量均有所下降。第一次施肥后，处理 B 的有机质含量高于其他处理，但与其他处理的差异不显著；第二次施肥后，处理 B 有机质含量仍高于其他处理，但与处理 A 达到显著差异，与处理 C、处理 CK 的差异不显著；第三次施肥后，4 个处理的有机质含量大小顺序为处理 B ＞处理 A ＞处理 CK ＞处理 C。可见，处理 A 和处理 B 的有机质含量明显增加，但两者差异不显著；处理 C 有所下降，而处理 CK 略有增加，两者差异不显著；处理 A、处理 B 与处理 C、处理 CK 之间达显著差异水平。由此可知，配方施肥处理后，处理 A 和处理 B 可显著提升土壤有机质含量。

表 8　不同施肥处理对油茶中幼林土壤有机质含量的影响

处理	施肥前有机质含量（g/kg）	施肥后有机质含量（g/kg）		
	2011 年 1 月	2011 年 11 月	2012 年 11 月	2013 年 11 月
A	27.33±3.03Aa	24.85±0.25Aa	25.01±0.04Ab	39.23±9.26Aa
B	29.56±0.59Aa	29.52±0.04Aa	29.52±0.00Aa	41.26±5.62Aa
C	30.32±4.16Aa	28.27±0.48Aa	28.02±0.11Aab	27.90±3.38Ab
CK	22.95±4.02Aa	27.14±9.35Aa	26.27±2.23Aab	28.95±10.92Ab

注：不同大写字母表示同一处理不同时间下的差异显著（$P < 0.05$），不同小写字母表示不同处理间差异显著（$P < 0.05$）。

从表 9 可以看出，施肥前，各处理之间无显著差异。除处理 A 的土壤碱解氮含量在第三次施肥后比施肥前略有提高外，其他各处理在不同时期施肥后都有所降低，其中处理 CK 的下降幅度最大。第一次施肥后，处理 B 的碱解氮含量最高，处理 CK 最小，两者达到显著差异水平，而处理 B 与处理 A、处理 C 的差异不显著。第二次施肥后，处理 A、处理 B、处理 C 之间的差异不显著，但三者与处理 CK 的差异显著，且达到极显著水平。第三次施肥后，处理 A、处理 B 之间差异不显著，但处理 A 与处理 C、处理 CK 的差异达显著水平，且处理 C 与处理 CK 的差异也显著。由此可知，处理 A 的碱解氮含量为各处理中最高水平，连续三次施肥后土壤中碱解氮含量可满足油茶中幼林生长所需的氮元素，且供过于求，而处理 B 和处理 C 达不到油茶中幼林生长所需的氮元素，应继续增加氮的施肥量。

表 9　不同施肥处理对油茶中幼林土壤碱解氮含量的影响

处理	施肥前碱解氮含量（g/kg）	施肥后碱解氮含量（g/kg）		
	2011 年 1 月	2011 年 11 月	2012 年 11 月	2013 年 11 月
A	132.30±24.58Aa	119.07±0.57Aab	119.40±0.10Aa	133.40±21.27Aa
B	132.00±13.08Aa	130.30±1.70Aa	130.17±0.13Aa	123.70±6.06Aa
C	131.37±21.26Aa	126.23±3.04Aab	124.30±0.70Aa	114.97±36.74Ab
CK	94.37±13.99Aa	89.57±22.23Ab	80.57±14.26Bb	60.83±3.03Ac

注：不同大写字母表示同一处理不同时间下的差异显著（$P < 0.05$），不同小写字母表示不同处理间差异显著（$P < 0.05$）。

表 10 显示，施肥前，各处理之间的土壤有效磷含量无显著差异。除处理 CK 的有效磷含量先下降后上升再下降外，其他各施肥处理的有效磷含量均随着施肥次数和时间的推移呈上升趋势。处理 A 在不同时期的有效磷含量均高于其他处理，且增幅最大。第三次施肥后，处理 A、处理 B、处理 C 的土壤有效磷含量分别比施肥前提高 40.65%、42.74%、38.94%。第一次施肥后，处理 A 与处理 CK 的差异极显著，与处理 B、处理 C 的差异不显著。第二次施肥后，处理 A、处理 C 与处理 B、处理 CK 之间的差异显著，但处理 A 与处理 C、处理 B 与处理 CK 之间差异不显著。第三次施肥后，处理 A 与处理 CK 的差异极显著，与处理 B、处理 C 的差异不显著，说明处理 A 可显著提升土壤有效磷含量。

表 10　不同施肥处理对油茶中幼林土壤有效磷含量的影响

处理	施肥前有效磷含量（g/kg）	施肥后有效磷含量（g/kg）		
	2011 年 1 月	2011 年 11 月	2012 年 11 月	2013 年 11 月
A	1.23±0.17Aa	1.40±0.00Aa	1.40±0.00Aa	1.73±0.28Aa
B	1.17±0.18Aa	1.10±0.00ABab	1.10±0.00Ab	1.67±0.15Aa
C	1.13±0.38Aa	1.33±0.08ABa	1.37±0.03Aa	1.57±0.19ABa
CK	1.30±0.06Aa	0.70±0.25Bb	1.13±0.13Ab	0.77±0.09Bb

注：不同大写字母表示同一处理不同时间下的差异显著（$P < 0.05$），不同小写字母表示不同处理间差异显著（$P < 0.05$）。

由表 11 可知，施肥前和第一次施肥后，各处理的土壤速效钾含量差异不显著，其中均以处理 B 的速效钾含量最高。第二次施肥后，处理 B 与处理 C 之间存在显著差异，而两者与处理 A、处理 CK 之间的差异均不显著。第三次施肥后，处理 A、处理 B 均与处理 CK 存在显著差异，而处理 A、处理 B、处理 C 三者间差异不显著。处理 A 的土壤速效钾含量在前两次施肥后均呈下降趋势，第三次施肥后才迅速增高；处理 B、处理 C 均一直呈下降趋势；处理 CK 则呈"下降—上升—下降"的趋势。第三次施肥后，处理 A、处理 B、处理 C 的土壤速效钾含量分别比施肥前提高 28.13%、19.33%、16.81%。可见，处理 A 对土壤速效钾含量的提升效果最好，其次是处理 B。

表 11　不同施肥处理对油茶中幼林土壤速效钾含量的影响

处理	施肥前速效钾含量（g/kg）	施肥后速效钾含量（g/kg）		
	2011 年 1 月	2011 年 11 月	2012 年 11 月	2013 年 11 月
A	30.07±3.84Aa	28.47±0.73Aa	27.97±0.13Aab	38.53±7.42Aa
B	32.60±2.76Aa	32.13±0.47Aa	32.07±0.33Aa	38.90±1.91Aa
C	26.17±2.78Aa	25.33±0.79Aa	24.63±0.33Ab	30.57±3.26Aab
CK	29.07±1.60Aa	27.47±4.09Aa	30.00±4.28Aab	17.50±0.72Ab

注：不同大写字母表示同一处理不同时间下的差异显著（$P < 0.05$），不同小写字母表示不同处理间差异显著（$P < 0.05$）。

3. 油茶成林配方施肥效果

配方施肥处理 1 对油茶叶片氮元素含量有显著的提升作用，处理 1 叶片氮元素含量高于其他 3 个处理，且与处理 3、处理 CK 差异显著。配方施肥处理 1 中叶片钾、磷、钙含量同样最高，但是与其他处理差异不显著（见表 12）。这说明在配方肥的施用中，处理 1 能有效提高叶片重要养分的含量，促进油茶成林的生长。

不同肥料配方油茶成林的土壤养分含量情况见表 13。由表可知，不同施肥处理对油茶成林土壤 pH 值影响不大，施肥的 3 个处理组碱解氮、有效磷、速效钾含量高于不施肥处理 CK，但是差异不显著。微量元素硼含量的大小顺序为处理 1 ＞处理 3 ＞处理 2 ＞处理 CK，同样差异不显著。这说明对油茶进行配方施肥可以有效地提高油茶成林土壤养分含量，尤其是补充微量元素。

表 12　不同施肥处理油茶成林叶片养分含量差异

处理	N（mg/kg）	P（mg/kg）	K（mg/kg）	Ca（mg/kg）	Mg（mg/kg）	Fe（mg/kg）	Mn（mg/kg）	Cu（mg/kg）	Zn（mg/kg）	B（mg/kg）
1	11.28a	716a	5814a	7323a	1258a	84ab	921a	2.45ab	8.50b	17.46b
2	10.73a	716a	3358a	4565a	1409a	80ab	1130a	3.29a	9.77ab	31.63ab
3	8.79b	643ab	4227a	7322a	1235a	66b	1364a	2.07b	10.37a	24.03b
CK	10.26ab	587b	4864a	7189a	1150a	102a	1242a	2.17ab	9.95ab	43.52a

注：同列中不同小写字母表示不同处理间差异显著（$P < 0.05$）。

表 13　不同施肥处理对油茶成林土壤养分含量的影响

处理	pH值	碱解氮（mg/kg）	有效磷（mg/kg）	速效钾（mg/kg）	交换性Ca（mg/kg）	交换性Mg（mg/kg）	Fe（mg/kg）	Mn（mg/kg）	Cu（mg/kg）	Zn（mg/kg）	B（mg/kg）
1	4.6a	130.5a	61.5a	53.9a	16.6a	11.4a	27.90ab	1.30a	0.33ab	1.20b	0.10a
2	4.2a	159.9a	61.3a	50.4a	117.5a	32.7a	29.63ab	3.86a	0.42a	0.87a	0.08a
3	4.4a	160.9a	72.5a	69.3a	65.0a	22.9a	23.95b	4.71a	0.35a	1.27a	0.09a
CK	4.3a	85.9b	50.7b	43.6a	25.9a	8.4a	48.55a	1.30a	0.32a	0.84a	0.05a

注：同列中不同小写字母表示不同处理间差异显著（$P < 0.05$）。

不同的肥料配方对油茶花果发育影响不同。由表 14 可知，不同施肥处理对花芽的影响存在差异。4 种处理的花芽分化率在 35.65% ～ 45.58% 之间，其中，处理 1 花芽分化率最高，为 45.58%，高于处理 CK；处理 2 和处理 3 花芽分化率差异不大，分别为 41.27% 和 40.74%。对各组处理进行方差分析，结果显示处理 1 与处理 CK 间存在显著性差异。4 组处理的花芽数量分别为：处理 1 平均花量 350 个，处理 2 平均花量 284 个，处理 3 平均花量 293 个，处理 CK 平均花量 164 个。可见，施肥可有效增加开花量。此外，施用配方专用肥的处理 1 鲜果产量为 4695 kg/hm^2，相对于处理 2 产量提高了 17.58%，相对于施用同等养分商品肥的处理 3 产量提高 42.10%，相对于处理 CK 产量提高了 81.9%。

表 14　不同施肥处理对油茶开花结果的影响

处理	花芽分化率	开花数（个）	花苞数（个）	鲜果产量（kg/hm^2）
1	45.58%	49	301	4695
2	41.27%	72	212	3993
3	40.74%	88	205	3304
CK	35.65%	12	152	2582

采果后对油茶仁含油率、出籽率和出仁率进行测定，结果见表 15。由测定结果可知处理 1 的仁含油率、出籽率和出仁率均最高，分别为 46.2%、45.3% 和 33.91%，施用商品复合肥的处理 3 的仁含油率、出仁率略高于处理 2，处理 CK 的仁含油率、出籽率和出仁率显著低于其他处理组。这说明油茶成林在不同施肥条件下，鲜果的仁含油率、出籽率、出仁率具有比较明显差异，可以通过配

方施肥平衡树体营养能提高果实的饱满度，从而提高油茶鲜果的出籽率及仁含油率。

表 15　不同施肥处理下油茶鲜果的仁含油率、出籽率和出仁率

处理	仁含油率	出籽率	出仁率
1	46.2%	45.3%	33.91%
2	37.9%	44.9%	32.44%
3	39.7%	44.1%	33.48%
CK	39.8%	44.3%	28.89%

三、总结

配方施肥主要根据林地土壤肥力状况、油茶生长发育情况和油茶树体营养丰缺程度来设计，通过化学分析和仪器分析的方法对土壤和植物各类物理、化学和生物性质进行定性和定量分析。

油茶苗期施肥以补充氮肥为主，氮、磷、钾养分总量为 28%～30%，氮含量以 11%～14% 为宜，适当添加微量元素，叶面肥喷施浓度应控制在 0.5%～2.0%。对油茶幼苗生长促进效果最好的叶面施肥比例 N：P_2O_5：K_2O（N：P：K）为 11：13：4，喷施浓度为 2%。对油茶中幼林的土壤肥力提升效果最好的叶面施肥比例 N：P：K 为 16：6：8，添加 5% 微量元素和 10% 有机质，施用量为 0.5 kg/ 株。对油茶成林叶片养分含量、土壤养分含量、成林开花结果及产量、油茶仁含油率的提高效果最为明显的叶面施肥比例 N：P：K 为 14：7：9，添加 15% 茶麸，每吨添加七水硫酸锌 10 kg、硼砂 10 kg、硫酸亚铁 20 kg，施用量为 0.5 kg/ 株。

四、思考题

a. 何种元素对油茶苗期生长有显著的促进作用？为什么？

b. 油茶中幼林配方施肥处理 A 和处理 B 较配方施肥处理 C 和处理 CK 能显著提升土壤有机质含量的原因是什么？

c. 除有机质外，何种物质的添加更有利于油茶中幼林的生长？为什么？

d. 油茶成林配方施肥处理 1 较其他处理能显著提升油茶产量、出籽率和仁含油率的可能原因是什么？

参考文献

［1］刘凯文.油茶主要病虫害防治［J］.广西林业,2022（2）:30-33.

［2］陈秀庭.广西油茶产业发展前景探讨［J］.内蒙古林业调查设计,2016,39（2）:115-117.

［3］谢彩文.把广西油茶产业做大做优做强［N］.广西日报,2014-06-27（009）.

［4］邵瑞.广西油茶产业发展效益分析及模式选择［D］.北京:北京林业大学,2011.

［5］陈国臣,黄开顺.广西油茶产业现状与发展对策［J］.广西林业科学,2010,39（3）:159-161.

［6］刘频.广西油茶产业中存在的问题与对策［J］.中南林业调查规划,2010,29（2）:21-23.

［7］李潇晓.广西油茶产业现状与发展对策［J］.农业研究与应用,2009（5）:55-59.

［8］张乃燕.广西油茶良种化的现状及发展策略［J］.广西林业科学,2003（4）:211-213.

［9］梁国校,陈国臣,马锦林.广西油茶产业现状与发展对策［J］.广西林业科学,2018,47（3）:365-368.

［10］唐健,曹继钊.广西油茶营养与施肥技术［M］.南宁:广西科学技术出版社,2015.

博白林场桉树土壤地力提升技术

摘要：广西是国家储备林基地，林业是广西万亿级的支柱产业。桉树是广西国家储备林基地种植的主要树种。由于多年连续种植过程中不科学的施肥方式，当前桉树林地普遍出现土壤酸化和土壤有机质含量严重偏低的现象，严重制约了广西林业，特别是制约桉树种植业绿色、高质量持续地发展。本案例以广西国有博白林场土壤为研究对象，以林地立地条件信息为基础，以林木生长需肥规律为依据，摸清广西桉树林地土壤肥力状况探讨合理的施肥措施，以期实现广西林业土壤肥沃、生态环境协调、生产高产高效和可持续发展的目标。本案例有助于学生充分理解广西桉树林场土壤特征，帮助其深入学习提升桉树土壤肥力和促进广西林业稳健发展的关键技术。

关键词：博白林场；桉树；酸化；土壤培肥；生物量

Soil fertility enhancement technology of eucalyptus planting in Bobai Forest farm

Abstract：Guangxi, whose forestry is the trillion-level pillar industry, is the national reserve forest base in which Eucalyptus is the main tree species planted. Due to the unscientific application of chemical fertilizer in the continuous planting process for many years, the current soil degradation phenomenon characterized by soil acidification and seriously low organic matter content generally occurs in eucalyptus forest, which seriously restricts the green and high-quality sustainable development of forestry, especially the eucalyptus planting industry in Guangxi. This case takes the soil of the State-owned Bobai Forest Farm in Guangxi as the research object, finds out the soil fertility status of eucalyptus land in Guangxi, and discusses reasonable fertilization measures based on the site condition information of forest land and the fertilizer requirement laws for forest growth, so as to achieve the goals of fertile soil, ecological environment coordination, high yield and high efficiency production, and sustainable development of forestry in Guangxi. This case will help students fully understand the soil characteristics of eucalyptus forest farms in Guangxi, deeply learn the key technologies for improving the soil fertility of eucalyptus land and promoting the steady development of forestry in Guangxi, and comprehensively improve students' ability to find, analyze and solve problems with their professional knowledge.

Keywords: Bobai Forest Farm; Eucalyptus; Soil acidification; Soil fertility; Biomass

一、背景

我国是一个森林资源匮乏、木材供求矛盾十分突出的国家，近年来全国每年有 50% 以上的木材需要从国外进口，而且进口量呈逐年递增趋势。为保障我国木材安全，党中央、国务院在《生态文明体制改革总体方案》《国家"十三五"规划纲要》和 2013 年、2015 年、2017 年的中央一号文件中对建立国家储备林制度、加强国家储备林基地建设等作出了安排部署。由此可见，开展国家储备林基地建设，提升木材自给能力已刻不容缓。推进国家储备林基地建设，对于全面保护天然林和改善生态环境、精准提升森林质量，有效缓解我国木材供需矛盾，维护国家木材安全，加快推进现代林业强区建设，全面助力乡村振兴和脱贫攻坚，具有非常重要的战略意义和现实意义。

广西是国家储备林基地，林业是广西万亿级的支柱产业。广西人工林面积居全国第一，全区分布大量的松树（*Pinus*）、杉木（*Cunninghamia lanceolata*）、桉树（*Eucalyptus robusta*）等人工林，总面积超过 1.36 亿亩，约占全国的 1/9，是全国主要的速生丰产林生产基地，其中桉树林占比最高。但是，由于多年连续种植过程中偏施化肥等不科学施肥方式，当前桉树林地普遍出现以土壤酸化和有机质含量严重偏低为主要特征的土壤退化现象。林地土壤酸化、退化不仅导致桉树种植投入产出比逐年下降，而且对种植地周边水体等生态环境带来较为严重的污染隐患，成为农林业面源污染的重要来源之一，已日益成为制约广西林业，特别是桉树种植业绿色、高质量持续发展的障碍。因此，解决林地的肥力下降的问题显得更为突出和重要。

广西林业资源十分丰富，拥有广西国有博白林场（简称"博白林场"）、广西国有高峰林场、广西南宁树木园、广西国有派阳山林场、广西国有大桂山林场等多家大型的自治区直属国有林场。广西国有博白林场创建于 1962 年 6 月，位于广西玉林市博白县，交通便利，地理位置优越，是自治区林业局直属国有大一型林场，是国家木材战略储备基地、国家速生丰产林培育基地、广西林业标准示范基地、广西珍贵树种示范基地和广西首批"互联网 + 全民义务植树"基地。本案例以博白林场土壤为研究对象，以林地立地条件信息为基础，以林木生长需肥规律为依据，摸清广西桉树林地土壤肥力状况，探讨合理的施肥措施。该案例分析可为促进广西桉树种植业的健康发展提供理论和技术借鉴。

二、案例分析

（一）研究地概括

试验林地在博白林场五峰、三滩、林果等 7 个分场共 12 个林班，分别位于博白县凤山镇、英桥镇、黄凌镇、径口镇、沙河镇等地，地理位置为东经 109° 93′ 53″ ～ 110° 02′ 16″，北纬 22° 09′ 20″ ～ 21° 93′ 77″。试验林地本底数据中土壤 pH 值为 5.5，处于酸性与弱酸性之间；有机质含量为 30 g/kg，处于土壤养分高等级；2019 年（之前一直未施用有机肥）土壤 pH 值为 4.1 ～ 4.5，下降至强酸性等级，有机质含量为 9.2 ～ 15.3 g/kg，降至极低至低等级，说明林地土壤已经酸化，有机质含量降低，地力下降趋势明显。

（二）土壤培肥试验设计

研究不同施肥品种和施肥处理对博白林场土壤肥力的提升情况。其中施用肥料品种如表 1 所示。具体试验处理水平见表 2 ～表 6。

试验示范地采用随机区组设计方法，每小区为一个处理水平，每小区面积 3 ～ 5 亩，3 次重复。造林密度按照博白林场的种植规程，造林为无性系组培苗，小区间隔处立标志杆；行向与等高线平行，同一区组内的各个小区应沿着等高线排成纵列，所在坡面土壤与地形差异要小。如无足够宽的连续坡面，重复组可安排在同等高线、条件相似的两个坡面上。

表1 施用肥料品种

肥料品种	N、P、K含量	有机质含量	供应方
5%中有有机肥	≥5%	45%	广西力源宝有限公司
20%桉基王	≥20%（7∶10∶3）	20%	广西力源宝有限公司
20%林专家	≥20%（8∶8∶4）	20%	林场自研
25%桉树配方肥	≥25%（10∶5∶10）	20%	广西力源宝有限公司
30%正桉Ⅱ型桉树肥	≥30%（15∶6∶9）	15%	广西力源宝有限公司
30%林专家	≥30%（15∶6∶9）	15%	林场自研

表2 新造林不同品种肥料等量及等价对比（三育分场石村6林班）

处理	基肥处理		追肥处理（首年）		备注
	肥料品种	用量（kg/株）	肥料品种	用量（kg/株）	
A	30%林专家	1	30%林专家	1	A、B、C 等量对比
B	25%桉树配方肥	1	25%桉树配方肥	1	
C	20%桉基王	1	30%正桉Ⅱ型	1	C和D 等价对比
D	20%林专家	1.08	30%林专家	1	

注：追肥处理为种植后次年连续进行4次追肥，每年一次，每个追肥处理使用同一种肥料。下同。

表3 不同肥料组合及交替施用对比试验（五峰分场凤山2林班）

处理	基肥处理		追肥处理（首年）		追肥处理（第二年）		追肥处理（第三年）	
	肥料品种	用量（kg/株）	肥料品种	用量（kg/株）	肥料品种	用量（kg/株）	肥料品种	用量（kg/株）
E	5%中有有机肥+20%桉基王	1+1	30%正桉Ⅱ型	1	30%正桉Ⅱ型	1	30%正桉Ⅱ型	1
F	20%桉基王	1	30%正桉Ⅱ型	1	30%正桉Ⅱ型	1	30%正桉Ⅱ型	1
G	20%桉基王	1	5%中有有机肥	2	30%正桉Ⅱ型	1	5%中有有机肥	2
H	5%中有有机肥	2	5%中有有机肥	2	5%中有有机肥	2	30%正桉Ⅱ型	1

注：连续跟踪调查5年数据。

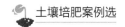

表 4　有机肥做基肥对不同来源种苗效果试验（三育分场）

处理	种苗品种及来源		基肥处理		追肥处理（追肥 4 次）	
	种苗品种	来源	肥料品种	用量（kg/株）	肥料品种	用量（kg/株）
I	DH32-26	八桂种苗	5% 中有有机肥	2	30% 正桉Ⅱ型	1
J	DH32-29	博白林场苗圃	5% 中有有机肥	2	30% 正桉Ⅱ型	1
K	DH32-29	八桂种苗	5% 中有有机肥	2	30% 正桉Ⅱ型	1
L	DH32-26	博白林场苗圃	5% 中有有机肥	2	30% 正桉Ⅱ型	1

注：连续跟踪调查 6 年数据。

表 5　有机肥做基肥不同施用量对比试验（三滩分场双峰 1 林班）

处理	基肥处理		追肥处理（追肥 4 次）	
	肥料品种	用量（kg/株）	肥料品种	用量（kg/株）
M	5% 中有有机肥	2	30% 正桉Ⅱ型	1
N	5% 中有有机肥	3	30% 正桉Ⅱ型	1
O	5% 中有有机肥	4	30% 正桉Ⅱ型	1

表 6　有机 - 无机复混肥做基肥不同施用量对比试验（兰冲分场六深 2 林班）

处理	基肥处理		追肥处理（追肥 4 次）	
	肥料品种	用量（kg/株）	肥料品种	用量（kg/株）
P	20% 桉基王	0.5	30% 正桉Ⅱ型	1
Q	20% 桉基王	1.0	30% 正桉Ⅱ型	1
R	20% 桉基王	1.5	30% 正桉Ⅱ型	1

（三）效果分析

1. 不同肥料品种对土壤 pH 值与肥力的影响

根据表 7 数据分析可知，所调查试验林地本底数据中土壤 pH 值为 5.5，处于酸性与弱酸性之间；有机质含量为 30 g/kg，处于土壤养分高等级。2019 年（之前一直未施用有机肥）土壤 pH 值为 4.1 ～ 4.5，下降至强酸性等级，有机质含量为 9.2 ～ 15.3 g/kg，说明林地土壤酸化、有机质含量降低，地力下降趋势明显。2020 年经施用有机肥、有机 - 无机复混肥后，土壤 pH 值为 4.6 ～ 4.9，有机质含量为 23.4 ～ 25.68 g/kg，说明林地土壤 pH 值和有机质含量都得以提高，地力有明显提升趋势。2020 年林果分场施用常规肥料（肥料中添加有机质），采样检测显示，土壤 pH 值为 4.3，仍处于强酸性等级，有机质含量为 18.5 g/kg，虽有所提高，但仍处于低水平，说明林地土壤 pH 值和有机质含量提升不明显，可能是肥料中有机质含量达不到标准。与本底数据及 2019 年对比，2020 年经施用有机肥、有机 – 无机复混肥后，林地土壤全氮、速效磷、速效钾、交换性钙、交换性镁含量均略有提高，硼、锌、铜等微量元素含量提高。

综合上述数据分析，要达到高产高效，需使土壤满足养分的平衡与达到适量的施肥水平，并且提高土壤有机质含量。有机质含量丰富的土壤不容易出现板结以及盐渍化的情况，同时有机质中的有益微生物菌群能有效改善土壤结构，起到改良土壤、降解土壤中残留除草剂、帮助土壤恢复健康、提高土壤供肥能力的作用。已有研究表明，施用有机肥可以促进根系生长，改善土壤的通透性，从而增强根系对土壤养分的吸收和利用。因此，建议施用有机肥或有机 – 无机配方肥。

表 7　试验林地土壤 pH 值与养分变化情况

试验林地名称	采土时间	pH 值	有机质（g/kg）	交换性元素（mg/kg）		全氮（g/kg）	速效元素（mg/kg）		有效微量元素（mg/kg）				
				Ca	Mg	N	P	K	Cu	Zn	B	Fe	Mn
五峰分场	本底数	5.5	30.0	—	—	0.150	1.5	32	0.90	2.00	0.19	19.0	3.5
	2019 年	4.2	11.3	251.1	29.9	0.565	0.6	26	0.54	0.38	0.23	28.9	0.1
	2020 年	4.9	23.6	476.3	38.3	1.227	2.6	49	0.68	1.05	0.49	149.9	1.2
兰冲分场	本底数	5.5	30.0	—	—	0.150	1.5	32	0.90	2.00	0.19	19.0	3.5
	2019 年	4.3	13.5	249.0	27.4	0.577	0.6	31	0.02	0.37	0.23	26.1	0.2
	2020 年	4.9	23.4	426.0	27.5	1.008	1.3	58	0.45	0.54	0.23	26.1	0.5

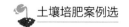

续表

试验林地名称	采土时间	pH值	有机质（g/kg）	交换性元素（mg/kg）		全氮（g/kg）	速效元素（mg/kg）		有效微量元素（mg/kg）				
				Ca	Mg	N	P	K	Cu	Zn	B	Fe	Mn
三育分场	本底数	5.5	30.0	—	—	0.150	1.5	32	0.90	2.00	0.19	19.0	3.5
	2019年	4.5	9.2	261.7	34.5	0.509	0.5	38	0.28	0.50	0.30	15.0	0.2
	2020年	4.6	25.7	470.0	33.8	1.121	0.6	83	0.53	0.62	0.35	76.4	1.9
三滩分场	本底数	5.5	30.0	—	—	0.150	1.5	32	0.90	2.00	0.19	19.0	3.5
	2019年	4.2	13.2	281.9	29.2	0.680	0.6	21	0.03	0.32	0.23	24.3	0.1
	2020年	4.6	24.3	421.7	40.8	1.244	1.2	40	0.59	0.95	0.41	130.6	5.6
林果分场（施用其他肥料）	本底数	5.5	30.0	—	—	0.150	1.5	32	0.90	2.00	0.19	19.0	3.5
	2019年	4.1	15.3	246.9	28.9	0.791	0.6	81	0.52	0.41	0.20	39.3	0.1
	2020年	4.3	18.5	426.4	33.9	0.906	1.2	113	0.58	0.58	0.41	44.1	2.1

注：本底数据来源于农业部门对广西土壤肥力的二次普查数据。

2. 不同肥料品种对桉树长势的影响

2020年7月分别对以上试验林地桉树植株进行实地测量，方法为在试验小区内选择3行，每行10株，按"之"字形排序，逐株测量，取平均值，具体结果如表8所示。在兰冲分场施用等养分、等量有机 – 无机型基肥，苗木成活率均在98%以上；施用20%林专家基肥，0.5 kg/株施肥量的株高（122.8 cm）高于1 kg/株施肥量的株高（110.2 cm）和1.5 kg/株施肥量的株高（115.1 cm）；施用广西力源宝20%桉基王，0.5 kg/株、1 kg/株、1.5 kg/株施肥量的株高分别为127.0 cm、126.1 cm、127.3 cm，几乎没有差别，但比20%林专家0.5 kg/株、1 kg/株、1.5 kg/株3种施肥量的株高分别高4.2 cm、15.9 cm、12.3 cm。施用20%林专家基肥0.5 kg/株施肥量的生物量5.47 t/hm²，高于1 kg/株施肥量的生物量 4.73 t/hm² 和 1.5 kg/ 株施肥量的生物量 4.96 t/hm²；施用广西力源宝 20% 桉基王，0.5 kg/ 株、1 kg/ 株、1.5 kg/ 株施肥量的生物量分别为 6.22 t/hm²、6.06 t/hm²、6.46 t/hm²，相差不大，但比 20% 林专家 0.5 kg/ 株、1 kg/ 株、1.5 kg/ 株 3 种施肥量的生物量分别增长 0.75 t/hm²、1.33 t/hm²、1.50 t/hm²，增长率分别为 13.7%、28.1%、30.2%。

五峰碑角 4 林班移栽 56 天的桉树苗，施用有机肥或同时施用有机肥和有机 – 无机复混肥（桉基王）的苗木成活率均在 98% 以上，且施用 1 kg 有机肥 +1 kg 有机 – 无机复混肥的苗木长势最好，比单施有机肥和单施有机 – 无机复混肥生物量增加 26% 左右，说明有机质与氮、磷、钾等大、中、微量元素合理地搭配，同时有机质达到一定的施用量，更有利于苗木的生长。五峰碑角 9 林班移栽 52 天的桉树苗，施用有机肥和有机 – 无机复混肥的苗木成活率均在 98% 以上，且施用 1.5 kg/ 株有机肥的苗木长势最好，说明以有机肥作为基肥且采用 1.5 kg/ 株施肥方案的性价比相对最高。

三育石村 6 林班移栽 83 天的树苗，施用同重量、同含量、不同品牌合格肥料产品，苗木成活率无差异，施用 5% 中有有机肥和 20% 桉基王的生物量表现更好，平均分别达到 7.21 t/hm² 和 5.99 t/hm²。

表 8 不同肥料品种生长量对比结果

分场	林班	小班	树种 / 品系	肥料品种	施肥量（kg/ 株）	树龄（天）	苗木成活率	株高（cm）	生物量（t/hm²）
兰冲	六深 2	202.1	DH32–29	20% 桉基王	0.5	82	98%	127.0	6.22
		202.2	DH32–29	20% 林专家	0.5	82	98%	122.8	5.47
		202.3	DH32–29	20% 桉基王	1.0	82	98%	126.1	6.06
		202.4	DH32–29	20% 林专家	1.0	82	98%	110.2	4.73
		202.5	DH32–29	20% 桉基王	1.5	82	98%	127.3	6.46
		202.6	DH32–29	20% 林专家	1.5	82	98%	115.1	4.96
五峰	碑角 4	4.1	DH32–29	5% 中有有机肥 +20% 桉基王	2.0（比例 1：1）	56	98%	68.3	0.33
		4.2	DH32–29	20% 桉基王	1.0	56	98%	64.2	0.27
		4.3	DH32–29	20% 桉基王	1.0	56	98%	50.5	0.14
		4.4	DH32–29	5% 中有有机肥	2.0	56	98%	52.9	0.26

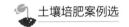

续表

分场	林班	小班	树种/品系	肥料品种	施肥量（kg/株）	树龄（天）	苗木成活率	株高（cm）	生物量（t/hm²）
五峰	碑角9	1.1	DH32-29	5%中有有机肥	1.0	52	98%	60.0	0.22
		1.2	DH32-29	5%中有有机肥	1.5	52	98%	70.0	0.36
		1.3	DH32-29	5%中有有机肥	2.0	52	98%	66.8	0.31
		1.4	DH32-29	20%桉基王	0.5	52	98%	62.3	0.25
		1.5	DH32-29	20%桉基王	1.0	52	98%	63.8	0.27
		1.6	DH32-29	20%桉基王	1.5	52	98%	65	0.28
三育	石村6	5.1	DH32-29	20%林专家	1.0	83	98%	116.8	3.73
		5.2	DH32-29	20%桉基王	1.0	83	98%	129.7	5.99
		5.3	DH32-29	20%林专家	1.0	83	98%	130.3	6.16
		5.4	DH32-29	5%中有有机肥	1.0	83	98%	143.2	7.21
		5.5	DH32-29	20%桉基王	1.0	83	98%	121.4	5.04

三、总结

在基于掌握林地土壤地力数据信息的前提下，精准增加有机肥和有机-无机复混肥等环境友好型肥料的施肥量，能够有效改善土壤pH值和增加土壤有机质含量，提升和恢复林地地力，为桉树的持续增产、稳产，以及广西林业绿色、高质量可持续发展提供技术支撑。

四、思考题

a. 导致博白林场土壤酸化、有机质含量下降的原因是什么？

b. 有机肥能够改善土壤pH值和增加有机质含量的原因是什么？

c. 有机肥改善土壤pH值和增加土壤肥力的稳定性如何？

d. 其他可改善土壤pH值和增加土壤肥力的措施有哪些？

参考文献

［1］刘菲．森林资源配置对木材供给的影响研究［D］.北京:北京林业大学,2020.

［2］姜喜麟,秦涛．国家储备林运行管理机制分析与优化建议［J］.林业资源管理,2018（5）:8-13.

［3］孙鹏．国家储备林:为未来储备绿色宝藏［J］.绿色中国,2019（19）:32-35.

［4］吴国欣,何彦然,张伟,等．广西国家储备林建设现状及高质量发展策略［J］.广西林业科学,2022,51（3）:445-451.

［5］杨章旗．广西主要用材林产业发展概况与展望［J］.广西科学,2022,29（3）:405-410.

［6］黄茜．广西林业产业高质量发展路径研究［J］.广西林业科学,2022,51（1）:112-118.

［7］马倩．不同经营措施对桉树林地植物多样性和土壤肥力的影响［D］.南宁:广西大学,2018.

［8］奉钦亮,覃凡丁．广西林业产业集聚发展水平的计量分析［J］.安徽农业科学,2011,39（30）:18656-18659.

［9］吴锡成．广西国有博白林场桉树高产造林及管理技术［J］.南方农业,2023,17（2）:136-138.

［10］杨叶华,黄兴成,朱华清,等．长期有机与无机肥配施的黄壤稻田土壤细菌群落结构特征［J］.植物营养与肥料学报,2022,28（6）:984-992.

［11］李文涛,于春晓,张丽莉,等．有机无机配施对水稻产量及氮肥残效的影响［J］.中国土壤与肥料,2022（1）:63-72.

［12］梅婷婷,王小利,段建军,等．有机无机肥配施对水稻产量、氮吸收利用和根系形态的影响［J］.中国农学通报,2023,39（15）:92-98.

不同土壤培肥模式对桉树产量及土壤肥力的影响

摘要：桉树是广西国家储备林基地种植的主要树种，桉树的高质量产出为国家林业的发展提供了重要保障。目前广西桉树人工林以纯林、多代连栽、短轮伐期的种植模式为主，出现土壤肥力下降、土壤酸化、生态功能退化等问题，导致桉树高代次纯林投入产出不成正比，严重制约广西林业的发展。本案例以广西桂南地区桉树种植面积最大、连栽代次高的东门林场桉树人工林为研究对象，通过林下套种绿肥、有机肥施用、剩余物还林、测土配方施肥等处理方式探讨合理高效的桉树培肥模式，以期实现广西桉树林业可持续发展的目标。本案例有助于学生深入学习不同土壤培肥模式的优缺点，并掌握相关应用技巧。

关键词：桉树人工林；土壤培肥措施；蓄积量；土壤肥力

Effects of different soil fertilization patterns on yield and soil fertility of eucalyptus land

Abstract：Eucalyptus is the main tree species planted in the reserve forest base in Guangxi，which provides an important guarantee for the development of national forestry. However，at present，the eucalyptus plantation in Guangxi is dominated by the planting mode of pure forest，multi-generation continuous planting，and short rotation period，which presents problems such as soil fertility decline，soil acidification，and ecological function degradation，resulting in disproportionate input and output in eucalyptus high-generation sub-pure forest，which has seriously restricted the development of forestry in Guangxi. In this case，the eucalyptus plantation of Dongmen Forest Farm，which has the largest eucalyptus planting area and the highest continuous planting generation in Guangxi，is taken as the research object. The treatment modes such as green fertilizer interplanting under the forest, organic fertilizer application, residual returning to the forest, soil testing and formula fertilization are carried out to explore reasonable and efficient eucalyptus fertilizer cultivation mode, to achieve the goal of sustainable development of eucalyptus forestry in Guangxi. This case will help students learn the advantages and disadvantages of different soil fertilization modes and master the application skills.

Keywords：Eucalyptus plantation；Soil fertilization measures；The amount of stock；Soil fertility

一、背景

合理的土壤培肥不仅可以有效提高土壤肥力，而且可以确保土壤资源可持续经营与保护，并在国家和区域尺度上提升林地生产力，维护土壤生态安全。全国第九次森林资源清查数据显示，我国桉树人工林面积 546 万 hm²，占全国人工林面积的 6.8%，在一定程度上缓解了我国木材紧缺状况；广西桉树人工林面积 256 万 hm²，占全国桉树人工林面积的 46.9%，居全国第一。然而，目前桉树人工林以纯林、多代连栽、短轮伐期的种植模式为主，导致地力衰退、森林质量下降、生态功能退化等问题的产生，严重制约了人工林生产力水平的提高。从发展角度看，桉树种植产生的生态问题可以通过有效的土壤培肥措施进行改善。

合理的土壤培肥是提高土壤质量和林地生产力最有效的途径。其中，测土配方施肥、剩余物还林、添加有机物料／有机肥和林下套种等培肥措施受到人们广泛关注。这些措施是促进森林健康和生态平衡的重要方法，具有如下优点及适用场景。

（1）测土配方施肥

优点：根据土壤和植物营养诊断分析结果施肥，可以为森林提供准确、科学的养分，避免施肥过度或施肥不足。

适用场景：适用于需要精确施肥的情况，结合良种可最快、最大程度地促进森林生长和提高木材质量。

（2）剩余物还林

优点：将森林中的剩余物归还到土壤中，提供有机物质和养分，改善土壤质量。

适用场景：适用于伐木后的森林地，可以减少土壤侵蚀，维护土壤生态系统。

（3）添加有机物料／有机肥

优点：有机物料和有机肥可以改善土壤结构、增加养分，提高土壤的水分保持能力和保肥能力。

适用场景：适用于贫瘠土壤，可以改善土壤的肥力和水分管理。

（4）林下套种

优点：在已有森林下层种植其他植物，提高生态多样性和林地资源利用率。

适用场景：适用于林地较为平缓、机械化程度较高的森林经营中，以最大化林地的多功能性和可持续性。

这些措施可以根据具体的森林管理目标和土壤状况进行单个使用或组合使用，以维护和提高森林的生态和经济价值。

本案例以广西桂南地区桉树种植面积最大、连栽代次高的东门林场桉树人工林为研究对象，通过林下套种绿肥、有机肥施用、剩余物还林、测土配方施肥等处理模式探讨合理高效的桉树培肥模式。该案例分析可为广西桉树人工林地生产力提升、土壤提质增效及生态环境保护提供科学依据。

二、案例分析

（一）研究区概况

研究区位于广西国有东门林场雷卡分场 9 林班，地理位置为东经 110° 30′ 10″，北纬 22° 23′ 19″，属亚热带季风性湿润气候区，海拔 150 m，低丘台地交错分布，地势低平，平均坡度为 5°；年均气温 21.8 ℃，多年平均降水量 1100 ～ 1300 mm，年均蒸发量 1600 mm，多年平均相对湿度 74% ～ 83%；多年平均日照时长 1634 ～ 1719 h，多年平均无霜期 342 天。土壤为砖红壤，成土母岩为砂岩。

试验地前茬为桉树，林地蓄积量约 67.5 m³/hm² （5 年生），产量较低。2017

年 2 月通过机耕新造林，主栽树种为巨尾桉（*Eucalyptus urophylla E.grandis*），种植密度为 1245 株 /hm²（4 m×2 m），保存率为 97%。试验前，分别于 2017 年 4 月、2017 年 9 月和 2018 年 4 月施 3 次复合肥（N∶P∶K=6∶12∶7），每次施用量为 622.5 kg/hm²。其林下植被主要为胜红蓟（*Ageratum conyzoides*）、飞机草（*Eupatorium odoratum*）、山菅兰（*Dianella ensifolia*）和木姜子（*Litsea cubeba*）等。

（二）土壤培肥试验设计

田间试验于 2019 年 6 月开始，2020 年 6 月结束。试验布设 6 个处理（T1、T2、T3、T4、T5，CK），每个处理面积为 0.4 hm²，平行 3 个。T1、T2、T3、T4 处理均为等养分肥料投入，即化肥投入量（折纯量）均为 225.0 kg/hm²，T5 化肥投入量为 187.5 kg/hm²（化肥减量 16%），具体处理如下。

处理 T1 和处理 T2 分别使用林下套种山毛豆、林下套种田菁的处理方法（见图 1），播种前施入有机肥（4500 kg/hm²），将绿肥种子分别条播在犁耕过的行距为 2 m 的林地内，种子用量为 30 kg/hm²，播种前进行催芽处理；处理 T3 使用剩余物还林的处理方法，即将枯枝落叶、锯末等剩余物与常规肥料混合使用（东林掺混肥：总养分 30%，N∶P₂O₅∶K₂O 为 15∶6∶9），常规肥料施肥量约 750 kg/hm²，剩余物添加量按 6 年生尾巨桉总生物量（90.05 t/hm²）的 1/3 计算，约为 30 t/hm²；处理 T4 为施用生物有机肥处理，施入有机肥的总养分约为 5%，施入量为 4500 kg/hm²；处理 T5 为测土配方施肥处理，配方肥总养分 25%，N∶P∶K 为 12∶5∶8，有机质含量≥20%，施入量为 750 kg/hm²；处理 CK 为常规施肥（东林掺混肥）处理，施肥量为 750 kg/hm²。

图 1　林下套种山毛豆（左）和田菁（右）

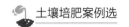

（三）效果分析

1. 不同处理模式对桉树生长的影响

不同处理对桉树生长影响效果不一（见表1）。处理T1、T2、T3、T4的桉树平均株高增量均高于处理CK，平均株高增量大小排列次序为T2＞T1＞T4＞T3＞CK＞T5，其中处理T2和处理T1分别比处理CK提高18.97%和12.50%，达显著水平；不同处理的平均胸径增量、平均蓄积增量大小排列次序为T1＞T5＞T2＞T4＞T3＞CK，说明林下套种绿肥有利于促进林木株高、胸径和蓄积增长。处理T5的平均胸径增量为1.70 cm，比处理CK增加40.50%，但平均株高增量仅为处理CK的96.12%，说明目前的配方肥虽能促进胸径生长，却不利于株高生长（未达显著水平），需要进一步调整配方。研究采用广西林业勘查设计院的速生桉单株材积计算方法计算不同处理的平均蓄积。经计算，不同处理组的平均蓄积增幅大小排列次序为T1＞T5＞T2＞T4＞T3＞CK。处理T1、处理T2和处理T4的肥料输入均为有机肥，较处理CK平均蓄积增量在19%以上，说明有机肥对林木蓄积的促进作用明显。通过测土调整施肥配方既可实现化肥减量施用，又能显著提高林木蓄积。

表1　不同处理模式对桉树生长影响

处理	平均株高增量		平均胸径增量		平均蓄积增量	
	测量值（m）	比CK增加	测量值（cm）	比CK增加	测量值（m^3/hm^2）	比CK增加
T1	2.61±0.12a	12.50%	1.77±0.11a	46.28%	38.92±14.13a	26.77%
T2	2.76±0.14a	18.97%	1.66±0.12a	37.19%	36.71±13.10a	19.58%
T3	2.47±0.19b	6.47%	1.54±0.09b	27.41%	33.45±12.50b	8.96%
T4	2.51±0.16b	8.19%	1.56±0.10b	28.93%	36.70±13.24a	19.54%
T5	2.23±0.10c	−3.88%	1.70±0.09a	40.50%	36.91±9.83a	20.23%
CK	2.32±0.21c		1.21±0.13c		30.70±14.21b	

注：同列中不同小写字母表示不同处理间差异显著（$P < 0.05$）。

2. 不同处理模式对桉树林地土壤有机质的影响

不同处理下土壤有机质含量变化趋势不一（见图2），有机质增量由大到小依次为T2＞T4＞T1＞T5＞T3＞CK。其中，处理T2的有机质增量最大，实

施后比实施前有机质含量提高 22.60%，较处理 CK 提高 18.44%；其次是处理 T4
和处理 T1，施肥后分别比实施前增加了 17.86% 和 13.81%，较处理 CK 分别提
高 13.70% 和 9.66%，说明这 3 种处理均能有效提高林地土壤有机质含量。处理
T1、处理 T2、处理 T4 和处理 T5 实施后的有机质含量显著性增加，处理 T3 和
处理 CK 实施后的有机质含量增加不显著。

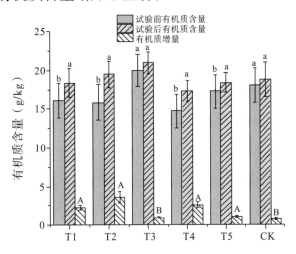

图 2　不同处理模式对桉树林地土壤有机质含量的影响

注：不同小写字母表示同一处理实施前后有机质含量差异显著（$P < 0.05$），
不同大写字母表示不同处理有机质含量增量差异显著（$P < 0.05$）。

3. 不同处理模式对土壤肥力提升效果的影响

不同土壤培肥处理下的桉树林地土壤肥力发生了明显变化，主要体现在提
高土壤有机质含量和土壤综合肥力上（见表 2）。林下套种绿肥（处理 T1 和处
理 T2）、有机肥施用（处理 T4）、测土配方施肥（处理 T5）下的林地土壤全氮、
碱解氮、全钾、速效钾、全磷、速效磷和有效硼含量提升明显。根据肥力指标
隶属函数公式计算出各指标的隶属度（隶属度均值越大表示该项指标的肥力水
平越高），实施后的各项土壤指标较实施前的隶属度更趋近 1.0，说明土壤养分
供给相对均衡，更有利于林木的生长。土壤有机质含量是土壤肥力的一个重要
指标，处理 T1、处理 T2 和处理 T4 这 3 种处理模式可使林地土壤有机质含量明
显提升。

为了避免人为干扰及等距划分等级带来的误差，用欧氏距离聚类方法将土
壤肥力综合指数划分为 5 个等级：Ⅰ级为优（IFI 值 > 0.600），Ⅱ级为良（0.450

表 2 不同处理下土壤肥力状况及评价结果

处理		pH值	有机质（g/kg）	全量元素（g/kg）			速效元素（mg/kg）			交换性元素（mg/kg）		有效微量元素（mg/kg）					IFI肥力指数	肥力等级
				全N	全P	全K	碱解N	速效P	速效K	Ca	Mg	Cu	Zn	B	Fe	Mn		
T1	试验前	4.30	16.16	0.80	0.34	1.18	106.07	1.86	12.31	45.83	18.30	1.33	3.61	0.41	59.57	5.04	0.373	IV
	试验后	4.33	18.39	1.06	0.43	1.90	146.02	7.25	85.78	177.58	14.73	0.91	2.33	0.72	48.48	6.08	0.549	II
T2	试验前	4.29	15.87	0.81	0.29	1.14	114.34	1.53	12.53	103.25	17.25	0.99	3.43	0.27	21.90	9.49	0.420	III
	试验后	4.32	19.46	1.16	0.38	1.92	128.30	3.91	81.04	108.98	9.05	0.93	1.34	0.77	47.53	6.73	0.526	II
T3	试验前	4.31	19.95	0.80	0.23	1.10	95.83	2.28	11.67	61.21	9.78	0.94	5.19	0.18	64.71	2.77	0.349	IV
	试验后	4.44	20.94	0.95	0.30	1.96	116.02	1.92	64.34	226.87	8.19	0.70	0.83	0.59	58.86	1.83	0.412	III
T4	试验前	4.44	14.72	0.64	0.22	1.74	88.93	1.18	9.84	59.66	24.01	0.69	1.91	0.14	34.14	2.07	0.282	V
	试验后	4.45	17.35	1.12	0.27	2.51	112.48	0.44	65.91	127.91	18.99	0.88	0.42	0.31	40.37	1.59	0.352	IV
T5	试验前	4.39	17.22	0.63	0.25	1.54	92.58	0.38	8.68	53.88	12.31	0.53	2.09	0.15	58.91	1.29	0.300	V
	试验后	4.39	18.30	0.93	0.31	2.62	118.97	5.45	55.82	23.61	10.74	0.90	0.29	0.54	54.22	1.57	0.353	IV
CK	试验前	4.35	18.06	0.74	0.37	1.34	99.55	1.45	11.00	64.77	16.33	0.90	3.25	0.23	47.85	4.13	0.353	IV
	试验后	4.30	18.81	0.95	0.41	1.73	99.37	0.19	58.34	24.80	10.91	0.99	1.25	0.72	52.09	3.05	0.387	IV

＜ IFI 值 ≤ 0.600），Ⅲ级为中（0.390 ＜ IFI 值 ≤ 0.450），Ⅳ级为较差（0.320 ＜ IFI 值 ≤ 0.390），Ⅴ级为差（IFI 值 ＜ 0.320）。处理 T1 ～ T5 实施后土壤 pH 值和土壤肥力有不同程度的提高，土壤肥力等级均上升 1 ～ 2 个等级。T1 提升 2 个等级，其余处理提升 1 个等级，而处理 CK 的土壤肥力等级在试验前后不变，土壤 pH 值由原来的 4.35 下降到 4.30。因此，前 5 种处理模式均能提升林地土壤肥力，有效缓解土壤酸化趋势，而常规纯化肥施用模式则加剧了土壤酸化。

三、总结

单就各处理对桉树林地的土壤改良和丰产增效效果来看，林下套种山毛豆、林下套种田菁、剩余物还林、有机肥施用、测土配方施肥这 5 种模式均可在一定程度上促进林木生长和产量提升，对桉树土壤养分状况也有很好的改善作用，有效缓解土壤酸化，促进林地土壤肥力恢复。目前，有机肥施用和测土配方施肥技术成熟度相对较高，可操作性强，可作为广西林地可持续经营的关键沃土技术进行推广。

四、思考题

a. 桉树人工林中采用的六种不同处理模式分别是什么？它们分别如何影响桉树林分的平均蓄积量？

b. 在这项研究中，哪种处理模式对于提高桉树林地的有机质含量和土壤肥力有显著效果？

c. 哪些处理模式被认为是在实际生产中提升广西桉树人工林地生产力的适宜选择？为什么？

参考文献

［1］黄伟. 速生桉树对广西生态环境的影响探讨［J］. 南方农业，2020，14（15）：81-82.

［2］于福科，黄新会，王克勤，等. 桉树人工林生态退化与恢复研究进展［J］. 中国生态农业学报，2009，17（2）：393-398.

［3］DENG Y S, YANG G R, XIE Z F, et al. Effects of different weeding methods on the biomass of vegetation and soil evaporation in *Eucalyptus* plantations ［J］. Sustainability, 2020, 12（9）: 3669.

［4］ZHU L Y, WANG J C, WENG Y L, et al. Soil characteristics of *Eucalyptus urophylla* × *Eucalyptus* grandis plantations under different management measures for harvest residues with soil depth gradient across time ［J］. Ecological Indicators, 2020, 117: 106530.

［5］曹继钊, 陈海军, 张家昌, 等. 桉树新型肥料品种施肥肥效试验初探［J］. 广西林业科学, 2011, 40（1）: 22-25.

［6］DIEGO M, MARCELO F, JUAN F, et al. *Eucalyptus* grandis plantations: effects of management on soil carbon nitride contents and yields ［J］. Journal of Forestry Research, 2020, 31（2）: 601-611.

［7］王芳. 有机培肥措施对土壤肥力及作物生长的影响［D］. 咸阳: 西北农林科技大学, 2014.

［8］DE MORAES GONCALVES J L, STAPE J L, LACLAU J P, et al. Silvicultural effects on the productivity and wood quality of eucalypt plantations ［J］. Forest Ecology & Management, 2004, 193（1/2）: 45-61.

［9］COOK R L, BINKLEY D, STAPE J L. Eucalyptus plantation effects on soil carbon after 20 years and three rotations in Brazil ［J］. Forest Ecology and Management, 2016, 359: 92-98.

［10］HERNANDEZ J, DEL PINO A, HITTA M, et al. Management of forest harvest residues affects soil nutrient availability during reforestation of Eucalyptus grandis ［J］. Nutrient Cycling in Agroecosystems, 2016, 105（2）: 141-155.

［11］FERRAZ A D, MOMENTEL L T, POGGIANI F. Soil fertility, growth and mineral nutrition in Eucalyptus grandis plantation fertilized with different kinds of sewage sludge ［J］.New Forest, 2016, 47（6）: 861-876.

［12］叶绍明, 覃连欢, 龙滔, 等. 尾叶桉人工林生物量密度效应研究［J］. 安徽农业科学, 2010（21）: 11594-11596.

［13］罗建谋. 广西桉树林地土壤养分状况与施肥研究［J］. 吉林农业, 2011（8）: 94-95.

［14］张淑香,张文菊,沈仁芳,等.我国典型农田长期施肥土壤肥力变化与研究展望[J].植物营养与肥料学报,2015,21（6）:1389-1393.

［15］马关润,刘汗青,田素梅,等.云南咖啡种植区土壤养分状况及影响咖啡生豆品质的主要因素[J].植物营养与肥料学报,2019,25（7）:1222-1229.

袋控缓释肥助力广西主要用材林发展

摘要：肥料在广西主要用材林的促产稳产和提质增效中起着重要作用。然而，传统的肥料存在利用率低和环境污染等问题，不利于林业可持续发展。如何最大限度地提高化肥利用率，实现国家化肥施用的零增长或负增长成为迫在眉睫的任务。因此，本案例以广西主要用材林内桉树和杉木种植区的土壤为研究对象，深入探究袋控缓释肥对林地产出和土壤质量的影响，以期引导学生深入分析缓释肥料对作物生长和土壤肥力等的重要性。本案例有助于学生充分了解施肥对作物生长的重要性，系统学习袋控缓释肥料的作用过程和机制，掌握林业管理的技巧。

关键词：袋控缓释肥；用材林；林地产出；土壤质量

Bag-controlled slow-release fertilizer helps the development of major timber forests in Guangxi

Abstract：Fertilizer plays an important role in promoting stable yield and improving the quality and efficiency of main timber forests in Guangxi. However, the traditional fertilizer has problems such as low utilization rate and environmental pollution, which is not conducive to the sustainable development of forestry. How to maximize the utilization rate of fertilizer and achieve zero or negative growth of national fertilizer application has become an urgent task. Therefore, this case takes the soil of eucalyptus and Chinese fir planting areas of major timber forests in Guangxi as the research object to deeply explore the effects of bag-controlled slow-release fertilizer on woodland output and soil quality, to guide students to deeply analyze the importance of slow-release fertilizer on crop growth and soil fertility. This case will help students fully understand the importance of fertilization to crops, systematically learn the process and mechanism of bag-controlled slow-release fertilizer，and master the skills of forestry management.

Keywords：Bag-controlled slow-release fertilizer；Timber forest；Forest yield；Soil quality

一、背景

林业在国民经济中扮演着重要角色，对于生态环境的维护和经济发展至关重要。为了实现林业的可持续发展，我们必须解决传统的非袋控速效性肥料存在的问题，如利用率低和易对环境造成污染等。广西是一个林业资源丰富的地区，桉树、杉木和松树是其主要的造林树种。施肥是促进林木生长和提高产量的重要管理措施。然而，不合理施肥可能会对土壤环境造成负面影响，从而危害森林生态系统的健康。目前，在广西的林业实践中，非袋控肥（即常规施肥）仍然占主导地位。非袋控肥虽然能够满足树木的短期养分需求，但是养分释放不稳定，往往存在利用率低和环境污染等问题，不利于林业的可持续发展。相比之下，施用袋控缓释肥被认为是可持续和环保的养分供应策略，并在中国肥料发展中逐渐成为主流方向。袋控缓释肥料可缓慢释放养分，促进树木稳定生长和产量提高，并改善土壤质量，具有环保、高效、节省时间和劳力等优点。

然而，袋控缓释肥的适用性受到多个因素的影响，包括林农的知识水平、肥料成本以及土壤类型和环境因素等。因此，在广西的林业实践中，我们需要根据实际情况选择适当的施肥方式和养分管理策略，以确保最大限度地提高化肥的利用率，并实现国家化肥施用零增长或负增长。

本案例以广西主要用材林桉树和杉树种植区土壤为研究对象，比较不同施肥方式对林地产出和土壤质量的影响，探讨合理的施肥措施。该案例分析可为促进广西主要用材林产业的友好发展提供理论和技术借鉴。

二、案例分析

（一）研究地概括

本试验桉树种植区位于广西国有七坡林场（北纬 24° 37′ ～ 34° 52′ 11″，东经 109° 43′ 46″ ～ 109° 58′ 18″），属亚热带气候区，雨量充沛，多年平均降水量

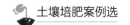

1200～1500 mm，多年平均相对湿度为 80%～90%。杉木种植区位于广西河池市林朵林场（北纬 40° 12′ 01″，东经 117° 13′ 02″），属于中亚热带半湿润气候区，海拔 600～900 m，年均降水量 1253.6 mm。

（二）土壤培肥试验设计

供试桉树品种为广林 9 号，2013 年 4 月种植，2018 年定萌，种植密度为 2 m×3 m，施肥深度 15 cm～25 cm。杉木品种为林朵林场自培的优良品种，2017 年 2 月种植，种植密度为 2 m×2 m，施肥深度 15 cm～25 cm。供试肥料为非袋控肥、袋控缓释肥和生物有机肥。非袋控肥为桉树专用肥（N∶P∶K=15∶6∶9）和杉木专用肥（N∶P∶K=12∶8∶10）。袋控缓释肥的肥料袋包装材料为牛皮纸和易自然降解的非织造布组成的复合材料（年降解率大于 70%）。其中，非织造布添加了适量的矿质原料。生物有机肥的无机养分含量为 5%，肥料主成分 N 素来源为尿素和磷酸一铵，P 素来源为磷酸一铵，K 素来源为氯化钾。所用的肥料由广西林科院土壤肥料与环境研究所研制，广西华沃特生态肥业有限公司生产。

试验共设置 4 个施肥处理：不施肥（CK）、施非袋控肥（G1）、施袋控缓释肥（G2）和施生物有机肥（G3），每个处理重复 3 次试验。同一树种处理 G1、处理 G2 使用同等无机养分含量的相同肥料，处理 G3 使用的是与处理 G1、处理 G2 总无机养分含量相同的生物肥用量，具体施肥量及试验区面积见表 1。在研究区内选取有代表性、无病虫害的植株 20 株进行编号挂牌。试验于 2019 年 3 月至 2020 年 7 月进行，于 2019 年 3 月进行施肥处理，分别在 2019 年 3 月（施肥前）、2019 年 12 月（第一次测量时间）、2020 年 7 月（第二次测量时间）测定并记录研究区内挂牌植株的株高和胸径。同时，在研究区内按照随机多点取样法，取 0～20 cm 土层的土壤样品进行混合，按照四分法留取 500 g 土壤混合样品，研磨过筛后用于土壤化学性质的测定。

表 1　试验点施肥情况

施肥情况	处理方式			
	CK	G1	G2	G3
施肥量（kg/hm^2）	0	825	825	4950
桉树施肥面积（hm^2）	5	50	50	50
杉木施肥面积（hm^2）	5	50	50	50

（三）不同施肥处理的效果

1. 不同施肥处理对林木生长的影响

由图 1 可知，各施肥处理间桉树和杉木人工林胸径增长率不存在显著差异，但与处理 CK 相比，处理 G1、处理 G2、处理 G3 胸径增长率均有所上升。类似的，各施肥处理间桉树株高变化不显著，但杉树株高受施肥影响较大，与处理 CK 相比，处理 G1、处理 G2 和处理 G3 均能显著促进株高生长，三者间差异不显著（见图 2）。对于桉树材积而言，各施肥处理间不存在显著差异，但与处理 CK 相比，施肥处理后材积会有所增加；对于杉木材积而言，施肥 16 个月后，处理 G1、处理 G2 与处理 CK 之间有显著性差异，说明处理 G1、处理 G2 可以显著提高杉木的材积（见图 3）。

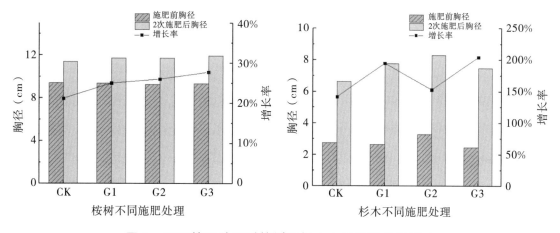

图 1　不同施肥处理对桉树和杉木人工林胸径的影响

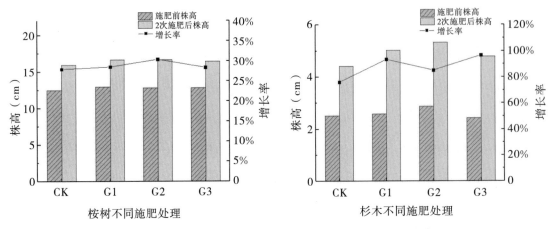

图2　不同施肥处理对桉树和杉木人工林株高的影响

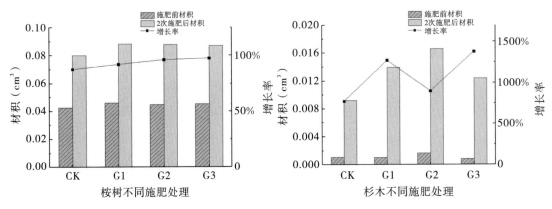

图3　不同施肥处理对桉树和杉木人工林材积的影响

2. 不同施肥处理对林地土壤质量的影响

（1）不同施肥处理对林地土壤 pH 值、有机质含量的影响

不同施肥处理对桉树林、杉木林土壤 pH 值的影响见表2。在桉树林中，施肥9个月后 pH 值下降幅度较大，施肥16个月后 pH 值略有回升，总体呈下降趋势，其中下降幅度最大的是处理 G1。方差分析结果显示，各处理间无显著差异，说明不同的施肥处理对桉树土壤 pH 值影响不明显，但是施肥处理均导致土壤酸化，而袋控缓释肥导致土壤酸化程度比另外2种施肥处理小。不同施肥处理对杉木林土壤 pH 值的影响与桉树林类似，均出现 pH 值下降的趋势，但是杉木林土壤 pH 值下降幅度小于桉树林，这可能与树种本身相关，因为桉树人工林土壤呈较强酸性，施肥处理使其土壤变化更为敏感。在杉木林中，不同施肥处理经过第一次施肥的 pH 值变化率与处理 CK 相比均达到显著性差异

（$P < 0.05$），说明不同施肥处理对杉木林土壤 pH 值影响的差异较大。

不同施肥处理对桉树、杉木土壤有机质含量的影响见表 3。不同施肥处理均能提高林木土壤有机质含量。在桉树林中，施肥 9 个月后的土壤有机质含量处理 G3 与处理 CK 呈显著差异，说明处理 G3 对于提高土壤有机质含量具有很明显的优势。总体而言，处理 G2 施肥效果仅次于处理 G3，但其变化幅度相对平缓，说明袋控缓释肥因肥效长、养分释放缓慢更有利于土壤养分的长期稳定。在杉木林中，施肥 9 个月后，处理 G2、处理 G3 与处理 CK 存在显著性差异，说明处理 G2、处理 G3 能显著提高杉木林土壤有机质含量；施肥 16 个月后，只有处理 G2 与处理 CK 存在显著性差异，说明处理 G2 可长期提高土壤有机质含量。

表 2　不同施肥处理下桉树和杉木人工林土壤 pH 值

人工林	施肥时间	土壤 pH 值			
		CK	G1	G2	G3
桉树	施肥前	4.45±0.07	4.35±0.04	4.34±0.10	4.45±0.04
	施肥 9 个月后	3.88±0.07a	3.89±0.12a	3.71±0.06a	3.79±0.13a
	施肥 16 个月后	4.04±0.06a	3.84±0.06a	3.91±0.02a	3.97±0.08a
杉木	施肥前	4.63±0.04	4.82±0.12	5.03±0.07	4.82±0.06
	施肥 9 个月后	4.44±0.01a	4.36±0.09b	4.18±0.07c	4.24±0.06b
	施肥 16 个月后	4.72±0.22a	4.53±0.25ab	4.46±0.12b	4.43±0.16ab

注：同行中不同小写字母表示不同处理间差异显著（$P < 0.05$）。

表 3　不同施肥处理下桉树和杉木人工林土壤有机质含量

人工林	施肥时间	土壤有机质含量（g/kg）			
		CK	G1	G2	G3
桉树	施肥前	37.81±1.87	50.23±6.34	50.26±6.65	37.08±2.55
	施肥 9 个月后	42.63±0.81b	64.27±8.96ab	68.66±2.41ab	69.85±11.81a
	施肥 16 个月后	47.73±2.21a	62.22±10.07a	58.29±4.65a	49.95±4.88a
杉木	施肥前	17.14±0.59	16.78±0.73	5.96±1.92	6.93±0.78
	施肥 9 个月后	20.41±3.73b	46.84±11.18b	53.56±19.33a	41.84±2.52c
	施肥 16 个月后	21.95±2.36c	46.52±27.00ac	29.62±8.68ab	28.73±9.27bc

注：同行中不同小写字母表示不同处理间差异显著（$P < 0.05$）。

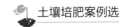

（2）不同施肥处理对林地土壤全氮、全磷、全钾含量的影响

表4和表5反映了不同施肥处理对桉树林、杉木林土壤全氮、全磷、全钾含量的影响。随施肥时间增长，桉树和杉木林土壤全氮含量均呈现出先增高后降低的趋势。在桉树林中，不同施肥处理间差异均不显著，但是在杉木林中，处理 G1 和处理 G2 差异显著。对于全磷含量，桉树林和杉木林土壤呈现出缓慢增加的趋势，各处理间均无显著差异。对于全钾含量，第一次监测的结果均呈下降趋势，杉木林下降的幅度高于桉树林；第二次监测结果比第一次监测的结果略有回升，但是相对于未施肥，依然呈下降趋势。在桉树林中，处理 G2 与处理 CK 呈显著性差异，说明处理 G2 对桉树土壤全钾含量影响显著。在杉木林中，土壤全钾含量在采取处理 G1 和处理 G3 后显著下降，在采取处理 G2 后变化不明显。综上，不同施肥处理对桉树和杉木林土壤全氮、全磷含量的影响不大，但处理 G2 较其他处理能显著提升桉树林土壤全钾含量，也较其他处理能显著保持杉木林土壤的全钾含量，起到缓冲的作用。

表4　不同施肥处理下桉树人工林土壤全氮、全磷、全钾含量

成分	施肥时间	各指标含量（g/kg）			
		CK	G1	G2	G3
全氮	施肥前	1.32±0.07	1.62±0.32	1.58±0.13	1.62±0.41
	施肥9个月后	1.86±0.08a	2.75±0.79a	2.47±0.26a	2.36±0.12a
	施肥16个月后	2.35±0.05a	2.09±0.33a	2.06±0.46a	2.28±0.52a
全磷	施肥前	0.60±0.05	0.58±0.15	0.73±0.11	0.99±0.37
	施肥9个月后	0.69±0.04a	0.90±0.23a	0.93±0.06a	0.94±0.46a
	施肥16个月后	0.80±0.05a	1.14±0.58a	0.87±0.09a	0.88±0.20a
全钾	施肥前	5.23±0.18	8.87±7.65	3.03±0.44	7.05±2.54
	施肥9个月后	2.50±0.02a	0.69±0.32a	3.45±3.58a	1.96±1.83a
	施肥16个月后	3.71±0.04b	3.10±0.60b	3.79±1.13a	3.57±0.58b

注：同行中不同小写字母表示不同处理间差异显著（$P<0.05$）。

表5 不同施肥处理下杉木人工林土壤全氮、全磷、全钾含量

成分	施肥时间	各指标含量（g/kg）			
		CK	G1	G2	G3
全氮	施肥前	0.62±0.07	1.65±0.06	0.38±0.07	0.56±0.09
	施肥9个月后	3.11±0.08a	2.11±0.38a	2.32±0.65a	2.05±0.07a
	施肥16个月后	1.76±0.06ab	1.83±0.63a	1.54±0.29b	1.59±0.32ab
全磷	施肥前	0.35±0.01	0.22±0.01	0.18±0.01	0.17±0.01
	施肥9个月后	0.51±0.02a	0.39±0.11a	0.37±0.04a	0.29±0.05a
	施肥16个月后	0.50±0.01a	0.40±0.19a	0.33±0.01a	0.30±0.03a
全钾	施肥前	20.05±0.44	25.60±0.07	18.62±0.11	22.38±0.58
	施肥9个月后	8.18±0.32a	8.62±0.37a	8.12±1.84a	6.62±0.51a
	施肥16个月后	19.98±0.48a	13.18±4.03b	17.14±1.02ac	11.43±3.73b

注：同行中不同小写字母表示不同处理间差异显著（$P < 0.05$）。

三、总结

不论是桉树还是杉木，施肥均能促进树木生长，但不同施肥处理间差异不显著。袋控缓释肥因肥效长、养分释放合理更有利于土壤养分的长期稳定，对广西人工林产业的发展起到保驾护航的作用。

四、思考题

a. 袋控缓释肥对桉树和杉木的生长和产量影响有何不同？哪种肥料更适合不同的树种？

b. 如何在施肥过程中实现化肥减量和增效？

c. 袋控缓释肥是否可以在减少用量的情况下提高产量？

参考文献

［1］支杰.保护森林资源促进林业经济实现可持续发展的重要性分析［J］.河北农机,2022（11）:97-99.

［2］高晓晖.林业经济实现可持续发展的重要性分析［J］.农家科技(上旬刊),2021（11）:73-74.

［3］杨青林.我国肥料利用现状及提高化肥利用率的方法［J］.山西农业科学，2011（7）：690-692.

［4］韦学清.自然保护区林业资源的保护及利用［J］.农村科学实验，2023（10）：40-42.

［5］黄文丁.桉树"林作物"的经营和实践［J］.广西林业科学，2006，35（4）：264.

［6］郭乾坤.我国南方主要树种及其林下配置模式水土流失探讨［C］// 中国科学技术协会，陕西省人民政府.第十八届中国科协年会——分 15 水土保持与生态服务学术研讨会论文集.2016：88.

［7］蒋华.桂北杉木种植管理技术与效益分析［J］.农家科技，2018（11）：40-41.

［8］LOEWE-MUOZ V, DELARD C, DEL RIO R, et al. Long-term effect of fertilization on stone pine growth and cone production［J］. Annals of Forest Science, 2020, 77（3）：69.

［9］张昊，邢鸿林，唐国儒，等.施肥和透光抚育对红皮云杉幼龄人工林林木生长的影响［J］.森林工程，2023，39（3）：21-29.

［10］DA S R, RODRIGO H, MARINA O, et al. Fertilization response, light use, and growth efficiency in Eucalyptus plantations across soil and climate gradients in Brazil［J］. Forests, 2016, 7（12）：117.

［11］曹志洪.施肥与大气环境质量：论施肥对环境的影响（1）［J］.土壤，2003（4）：265-270.

［12］陈伟，薛立.人工林施肥研究进展综述［J］.广东林业科技，2004（1）：61-66.

［13］RASHID M, HUSSAIN Q, KHAN K S, et al. Carbon-based slow-release fertilizers for efficient nutrient management：synthesis, applications, and future research needs［J］.Journal of Soil Science and Plant Nutrition, 2021（1-2）：1144-1169.

［14］ZHOU M R, YING S S, CHEN J H, et al. Effects of biochar-based fertilizer on nitrogen use efficiency and nitrogen losses via leaching and a mmonia volatilization from an open vegetable field［J］. Environmental Science and

Pollution Research,2021,28（46）:65188-65199.

［15］曹继钊,潘波,林海能.袋控缓释肥料的研究发展与技术创新［J］.广西林业科学,2020,49（3）:466-470.

［16］BORGES R, PREVOT V, FORANO C, et al. Design and kinetic study of sustainable potential slow-release fertilizer obtained by mechanochemical activation of clay minerals and potassium monohydrogen phosphate［J］. Industrial & Engineering Chemistry Research,2017,56（3）:708-716.

［17］张守仕,彭福田,姜远茂,等.肥料袋控缓释对桃氮素利用率及生长和结果的影响［J］.植物营养与肥料学报,2008,14（2）:379-386.

百色右江杧果核心产区土壤合理施肥规划

摘要：杧果是广西的特色优势水果，对广西水果产业的发展起到巨大的推动作用。但由于化肥的不合理与过量施用，杧果果园土壤中存在土壤酸化、板结、有机质含量下降等问题，导致杧果产量和品质下降，严重制约杧果产业的发展。化肥减施配施有机肥的方法，有利于降低化学肥料施用量，改善土壤质量。本案例以广西百色右江河谷杧果果园土壤为研究对象，探索不同化肥减施配施有机肥对杧果叶片养分含量、产量和品质及土壤地力的作用。该案例分析可为促进广西杧果产业的生态友好型发展提供理论和技术支撑。本案例有助于学生充分理解广西杧果主产区土壤养分特征和施肥的关键技术，全面提升学生分析问题和解决问题的能力。

关键词：杧果；化肥减施；土壤养分；产量；品质

Rational Soil fertilization planning in Youjiang mango producing core area of Baise

Abstract：Mango is a characteristic and advantageous fruit in Guangxi，which plays a great role in promoting the development of fruit industry in Guangxi. Due to unreasonable and excessive application of chemical fertilizer，there is soil acidification，compaction and reduction of organic matter in mango orchard soil，which leads to the decline of mango yield and quality，and seriously restricts the development of mango industry. Reducing the amount of chemical fertilizer and applying organic fertilizer is beneficial to reducing the application of chemical fertilizer and improving soil quality. This case takes mango orchard soil in Youjiang Valley of Baise，Guangxi as the research object to explore the effects of different fertilizer reduction and organic fertilizer on the nutrient content of mango leaves improvement，the yield and quality of mango fruit，and soil fertility. This study can provide theoretical and technical support for promoting the eco-friendly development of Guangxi's mango industry. This case will help students fully understand the characteristics of soil nutrients in the main mango producing areas of Guangxi, as well as the key fertilization technologies, and comprehensively improve students' ability to find, analyze and solve problems with their professional knowledge.

Keywords：Mango；Chemical fertilizer reduction；Soil nutrients；Yield；Quality

一、背景

广西百色右江河谷是我国著名干热河谷之一，被誉为"天然温室"，其盛产的杧果（*Mangifera indica*）获"国家级农产品地理标志示范样板"称号。截至2021 年底，百色杧果种植面积达 9.1 万 hm^2，其中投产面积 7.3 万 hm^2，年产量达 90 万吨。发展杧果产业已成为百色革命老区农民脱贫致富的主要途径之一。

肥料是农作物的粮食，我国平均施肥量为 443.5 kg/hm^2，远高于国际公认的施肥量上限 225 kg/hm^2。不恰当的化肥和农药施用会使土壤营养结构遭到破坏，土壤质量持续下降，对农业生产和人类健康造成巨大威胁。我国杧果主栽区多在干热河谷地区，施用有机肥成本高，因此农户普遍重施化肥、轻施甚至不施有机肥，导致杧果园土壤肥力下降，产量不稳定，品质下滑。全国优质果品的园土有机质含量多在 2.0% 以上，而右江河谷地区杧果果园土壤有机质含量普遍偏低，因此亟须将本地土壤地力提升和作物养分需求规律相结合，指导果农科学施肥，增施有机肥，促进右江干热河谷地区杧果产业可持续发展。

化肥减施及增施有机肥已经成为国家实现藏粮于地、提升耕地地力的主要技术战略。在右江干热河谷杧果的栽培上，还需进一步解决有机肥与化学肥料配合精准施肥及生产综合成本偏高等问题，如施用有机 – 无机复混肥，包括施肥数量、类型、无机替代比例以及施肥方式等。本案例以右江干热河谷金煌杧为研究对象，通过化肥减施配施有机肥及不同梯度的有机 – 无机复混肥对杧果产量、品质和土壤肥力影响的研究，以期为杧果实际生产上的提质增效、科学施肥提供理论依据。

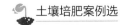

二、案例分析

（一）研究地概况

试验地位于广西百色市右江区杧果核心示范区（东经106°6′12″，北纬23°35′26″），海拔540 m，年平均气温22 ℃，极端最高气温42.5 ℃，年均降水量1350 mm，降水集中在每年6～8月，无霜期达360天。种植基地土壤为赤红壤，其基本理化性质为：pH值5.18，全氮含量0.414 g/kg，碱解氮含量59.48 mg/kg，有效磷含量21.41 mg/kg，速效钾含量105.16 mg/kg，有机质含量15.36 g/kg。

（二）土壤施肥试验

1. 试验材料

硫酸钾型复合肥（N：P：K=15：15：15，由云天化股份有限公司提供）、有机 - 无机复混肥（N：P：K=13：8：10，25%有机质，由广西绿友农生物科技有限公司提供）和菌棒有机肥。菌棒有机肥由食用菌生产后的废弃菌棒添加尿素调节碳氮比，添加EM菌加速降解有机质，经过充分腐熟制成，含水量28.0%，有机质含量65.0%，pH值8.15，含氮量2.05%，含磷量1.02%，含钾量1.45%。供试果园栽种杧果品种为金煌杧，栽种规格为4.0 m×4.0 m，树龄约10 a。

2. 试验设计

试验共设置5个处理，常规施肥（处理CK，仅施用化肥），化肥减施10%+有机肥（处理T1，化肥总量减施10%，每公顷增施6t菌棒有机肥），化肥减施20%+有机肥（处理T2，化肥总量减施20%，每公顷增施9t菌棒有机肥），等含量有机 - 无机复混肥（处理T3，用有机发酵浓缩液与无机肥配制而成，与化学肥料养分含量等量），减量10%有机 - 无机复混肥（处理T4，有机 - 无机复混肥减量10%），减量20%有机 - 无机复混肥（处理T5，有机 - 无机复混肥减量20%），具体施肥量见表1。每个处理设置3个小区，每个小区由5棵长势相近的杧果树组成。

表 1　各处理具体施肥量

处理	N（kg/hm²）	P（kg/hm²）	K（kg/hm²）	菌棒有机肥（t/hm²）	有机发酵浓缩液（t/hm²）
CK	225	225	225	0	0
T1	202.5	202.5	202.5	6	0
T2	180	180	180	9	0
T3	280	174	215	0	0.55
T4	250	156	193.5	0	0.50
T5	225	139.2	172	0	0.44

3. 施肥方法

2022 年 9 月 15 日，沿杧果树滴水线内侧挖宽 20 cm、深 25 cm 的半环形沟，一次性施肥后覆土。

4. 样品采集

2023 年 7 月 5 日采集施肥沟底 0～20 cm 土层土壤，每施肥沟取 2 点样，5 棵树的土壤混合为一个小区样品。土壤过 2 mm 筛，放室内自然风干后过 1 mm 筛，测定土壤酶活性。施肥后 180 天（花前期）和施肥后 270 天（采收期）在顶部成熟梢采摘叶片样品，每小区 5 株杧果树四个方向功能叶共 40 片，在 105 ℃ 下杀青 30 min，在 75 ℃ 下烘干，粉碎后磨样，封存并编号。

（三）效果分析

1. 不同施肥方式对杧果产量及品质的影响

由表 2 可知，与单施化肥相比，除处理 T5 外，化肥减施配施有机肥方式均可提高杧果产量，其中，处理 T2 和处理 T4 的增产效果最显著，较处理 CK 提高产量 13.5% 和 14.12%。处理 T3 和处理 T4 的单果质量显著高于处理 CK，其余处理与处理 CK 无显著差异。处理 T1、处理 T3、处理 T4 和处理 T5 的可溶性糖含量显著高于处理 CK，与处理 CK 相比分别高 5.4%、7.5%、9.9% 和 3.3%。处理 T1 和处理 T5 的可滴定酸含量显著高于处理 CK，分别高 25.1% 和 35.4%。处理 T3、处理 T4 和处理 T5 的维生素 C 含量显著高于处理 CK，分别高 20.1%、20.6% 和 56.8%。处理 T4 的糖酸比和固酸比显著高于处理 CK，分别提高 23.2% 和 21.1%。综上，说明处理 T4 对杧果产量、品质的促进效果最好。

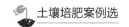

表 2 不同施肥方式对金煌杧产量及品质的影响

处理	单果质量（g）	果产量（t/hm²）	可溶性固形物含量	可溶性糖含量	可滴定酸含量	维生素 C 含量（mg/100g）	糖酸比	固酸比
CK	440.2bc	19.26b	（21.67±1.03b）%	（14.42±1.42c）%	（0.223±0.018c）%	70.80±9.09cd	65.06±12.20bc	97.35±9.00b
T1	430.0c	19.78b	（19.60±1.20c）%	（15.20±1.46a）%	（0.279±0.014b）%	76.70±3.37c	54.59±5.12c	70.46±6.14c
T2	431.8c	21.86a	（23.93±1.07a）%	（14.59±0.64bc）%	（0.211±0.05c）%	67.22±3.92d	69.19±4.74b	113.45±5.94a
T3	472.6a	19.49b	（21.27±1.53b）%	（15.50±1.40a）%	（0.208±0.035c）%	85.05±4.29b	74.68±5.03b	103.96±7.26b
T4	455.9b	21.98a	（23.17±1.93a）%	（15.84±1.05a）%	（0.198±0.026c）%	85.35±9.10b	80.16±5.76a	117.87±16.93a
T5	442.2bc	18.98b	（21.43±0.47b）%	（14.9±0.48b）%	（0.302±0.016a）%	111.04±10.04a	49.38±2.51c	71.12±4.40c

注：同列中不同小写字母表示不同处理间差异显著（$P < 0.05$）。

2. 不同施肥方式对杧果叶片养分含量的影响

由表 3 可知，金煌杧叶片中养分含量从大到小依次为氮、钾、磷，与台农叶片养分含量分布一致。随着杧果树的生长，各处理叶片中氮含量呈现递减趋势。花期时除处理 T3 外，其他处理杧果叶片全氮含量均显著低于处理 CK；果实成熟后处理 T2 和处理 T3 叶片全氮含量显著高于处理 CK，而处理 T1 和处理 T5 叶片全氮含量仍显著低于处理 CK，但处理 T4 与处理 CK 间叶片全氮含量差异不显著。各施肥处理叶片全磷含量在杧果生长期均呈现增长趋势。花期时除处理 T3 外，其他处理杧果叶片全磷含量均显著高于处理 CK；果实成熟后处理 T4 和处理 T5 叶片全磷含量显著低于处理 CK，而其他处理与处理 CK 间叶片全磷含量差异不显著。各施肥处理叶片全钾含量在杧果生长期也呈现增长趋势。花期时处理 T1 叶片全钾含量显著高于其他处理，果实成熟后处理 T5 叶片全钾含量最高。

表3　不同施肥处理对杧果叶片中氮、磷、钾含量的影响

处理	花期			果实成熟期		
	全氮	全磷	全钾	全氮	全磷	全钾
CK	1.196a%	0.0538d%	0.0635b%	0.906b%	0.0783a%	0.678b%
T1	0.772d%	0.0590c%	0.0757a%	0.834c%	0.0764a%	0.681ab%
T2	0.804c%	0.0635b%	0.0578c%	1.211a%	0.0752a%	0.628d%
T3	1.172a%	0.0484d%	0.0317e%	1.184a%	0.0747a%	0.676b%
T4	0.811c%	0.0665a%	0.0474d%	0.918bc%	0.0719b%	0.641c%
T5	0.895b%	0.0595c%	0.0642b%	0.870c%	0.0706b%	0.687a%

注：同列中不同小写字母表示不同处理间差异显著（$P < 0.05$）。

3. 不同施肥方式对杧果果园土壤理化性质的影响

由表4可知，杧果花期，处理CK土壤供氮能力不足，而磷钾营养较为充裕，处理T1、处理T2表现出较佳的供氮能力，而磷钾供应能力较低。处理T3、处理T4、处理T5与处理CK一样，均表现出较强的供钾能力。果实成熟期，土壤全氮含量相对花期上升的有处理CK、处理T4和处理T5，分别上升10.56%、12.0%和1.7%；下降的有处理T1～T3，分别下降21.2%、19.4%和10.8%。果实成熟期各处理土壤速效磷含量均比花期含量高，表明土壤速效磷含量较高，磷素减施的空间较大。果实成熟期各处理土壤有效钾含量普遍降低，但其他处理较处理CK显著下降，表明化肥减施配施有机肥后钾肥利用率较纯施化肥的高。

表4　不同施肥处理对杧果果园土壤中氮、磷、钾含量的影响

处理	花期			果实成熟期		
	全氮（g/kg）	速效磷（mg/kg）	有效钾（mg/kg）	全氮（g/kg）	速效磷（mg/kg）	有效钾（mg/kg）
CK	0.5045c	82.01a	108.10a	0.5578b	162.60a	49.38a
T1	0.6608a	50.36c	74.02c	0.5208c	145.14b	45.38c
T2	0.5668b	68.23b	81.34b	0.4569d	140.79b	42.95d
T3	0.5136c	41.42d	103.55a	0.4571d	87.24d	44.78c
T4	0.5127c	54.58c	109.61a	0.5743a	113.89c	47.18b
T5	0.5164c	49.92c	111.18a	0.5253c	107.61c	41.55d

注：同列中不同小写字母表示不同处理间差异显著（$P < 0.05$）。

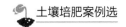

三、结论

合理的化肥减施配施有机肥措施可调节土壤养分,促进杧果叶片养分的转移,进而有效提高金煌杧产量和品质。其中,化肥总量减施20%且每公顷增施135 t菌棒有机肥处理和有机－无机复合肥减量10%处理的效果最好,较纯施化肥处理分别增产13.5%和14.1%。

四、思考题

a. 在本案例中,化肥减施配施有机肥哪种处理方式效果好?为什么?

b. 为什么合理的氮、磷、钾配比对杧果生产更有利?

c. 适当降低化学氮肥有哪些好处?

d. 有机肥施用对杧果产量与品质的影响主要在哪些方面?

参考文献

[1]黄战威.广西右江河谷地区杧果产业现状及发展对策[J].热带农业工程,2009,33(6):46-49.

[2]金书秦,周芳,沈贵银.农业发展与面源污染治理双重目标下的化肥减量路径探析[J].环境保护,2015,43(8):50-53.

[3]尉元明,王静,乔艳君,等.化肥、农药和地膜对甘肃省农业生态环境的影响[J].中国沙漠,2005,25(6):167-171.

[4]周维杰,吴川德,李钟淏,等.不同营养类型有机肥对杧果品质和土壤肥力的影响[J].中国土壤与肥料,2023(5):84-95.

[5]王立刚,李维炯,邱建军,等.生物有机肥对作物生长、土壤肥力及产量的效应研究[J].土壤肥料,2004(5):12-16.

[6]郭振,王小利,徐虎,等.长期施用有机肥增加黄壤稻田土壤微生物量碳氮[J].植物营养与肥料学报,2017(5):1168-1174.

[7]王磊,高方胜,曹逼力,等.有机肥和化肥配施对不同熟期大白菜土壤生物特性及产量品质的影响[J].生态学杂志,2022,41(1):66-72.

[8]TAO R, LIANG Y C, WEKELIN S A, et al. Supplementing chemical fertilizer

with an organic component increases soil biological function and quality［J］.
Applied Soil Ecology,2015,96：42−51.

［9］胡小璇,江尚焘,安祥瑞,等．有机无机肥配施对杧果产量与品质及经济效益
的影响［J］.南京农业大学学报,2020,43（6）：1107−1115.

第三章

综合培肥技术

广西梧州市六堡茶茶园土壤培肥

摘要：广西历史名茶六堡茶属于黑茶，其因"红、浓、陈、醇"的品质特色被列为全国 24 种名茶之一，但部分六堡茶茶园亩产远低于国内茶园平均水平。为全力推动六堡茶产业高质量发展，梧州市农业科学研究所、梧州市六堡茶研究所和梧州市苍梧县农业农村局致力于研究低产茶园产生的原因，并提出培肥土壤地力、推广应用先进农业技术等措施，以实现茶园生态环境的优化，促进梧州市六堡茶产业整体提质增效。本案例有助于学生充分理解六堡茶低产茶园形成的原因，引导学生深入学习提升茶园土壤肥力和促进茶园产业稳健发展的关键技术，全面提升学生利用专业知识发现问题、分析问题和解决问题的能力。

关键词：六堡茶；低产茶园；土壤培肥；产量

The soil fertility improvement of Liubao tea in Wuzhou，Guangxi

Abstract：Liubao tea，a famous historical tea in Guangxi，belongs to the black tea category. It ranks among the 24 teas in China because of its "red，strong，old and mellow" quality characteristics，but the yield per mu of Liubao tea gardens is far lower than the average yield of domestic tea gardens. In order to fully promote the high-quality development of the Liubao tea industry，Wuzhou Institute of Agricultural Sciences，Wuzhou Liubao Tea Research Institute，and Wuzhou Cangwu County Agricultural Bureau are committed to summarizing the causes of low-yield tea gardens，and put forward targeted measures such as soil fertility cultivation，promotion and application of advanced agricultural technology，so as to optimize the ecological environment of tea gardens and promote the overall quality and efficiency of Wuzhou Liubao tea industry. This case can help students fully understand the reasons for the formation of low-yield tea gardens of Liubao

Tea, further learn the key technologies for improving soil fertility of tea gardens and promoting the steady development of the tea garden industry and comprehensively improve students' ability to find, analyze and solve problems by using professional knowledge.

Keywords：Liubao tea；Low-yield tea garden；Improvement of soil fertility；Yield

一、背景

广西历史名茶六堡茶属于黑茶，因原产于广西梧州市苍梧县六堡镇而得名。2007年，梧州市委、市政府明确把六堡茶列为全市十大农业优势产业之一，并进行重点扶持。2022年10月17日，习近平总书记在参加党的二十大广西代表团讨论时，对六堡茶产业作出重要指示："茶产业大有前途。下一步，要打出自己的品牌，把茶产业做大做强。"2022年11月29日，我国申报的"中国传统制茶技艺及其相关习俗"通过评审，列入联合国教科文组织人类非物质文化遗产代表作名录，六堡茶名列其中。当前梧州市正致力于把六堡茶产业打造成为乡村振兴的支柱产业，助力实现农业提质增效、农民就业增收，进一步巩固脱贫攻坚成果，促进乡村全面振兴。在茶园面积迅速扩大的同时，现有的低产茶园改造也不容忽视。六堡茶低产茶园产量仅有30 kg/亩（1亩≈666.7 m²），远低于国内茶园平均水平。据不完全统计，低产茶园约占全市投产茶园面积的5%。因此，采取相关措施改造低产茶园对保证茶园高产稳产，提高茶农经济收入，促进梧州市六堡茶产业整体提质增效具有一定的现实意义。

二、梧州市茶园基本情况

苍梧县属南亚热带季风气候区，气候温和，雨量充沛，夏长冬短，无霜期长，太阳辐射较强，雨热同季。其中，苍梧县年均气温21.2℃，年均降水量1506.90 mm，符合茶树的生长要求。苍梧县六堡茶主要种植在县域江北片山区，以六堡镇为主产区，其余产区分布在狮寨、京南、梨埠、木双等镇。

截至2022年6月底，梧州市茶园总面积达20.43万亩，与2007年相比增加了一倍，茶产业发展非常迅速。但是，现有的低产茶园改造也不容忽视。梧州市部分茶园建园基础差，管理粗放，茶树长势弱，不利于六堡茶产业的高效发展。

苍梧县茶树种植区山地土壤发育为砂页岩黄壤、黄红壤和红壤，高中丘区为红壤，偏南部分属赤红壤。由于交通不便，人为破坏轻，植被保护好，大部分土壤土层深厚（80 cm 以上）、潮润，十分适宜茶树生长。据统计（386 个土壤样品），2009 年六堡茶种植区土壤属酸性土，pH 平均值为 5.1，适宜茶树生长；土壤有机质含量平均值为 23.00 g/kg，属中等水平，其中梨埠镇和木双镇茶园土壤有机质含量偏低；土壤全氮含量平均值为 1.47 g/kg，属中等偏上水平；土壤有效磷含量平均值为 14.30 mg/kg，属中等水平；土壤速效钾含量平均值为 51.00 mg/kg，属中等偏下水平（见表 1）。以上数据说明，2009 年以前苍梧县六堡茶种植区土壤理化性状较好。

表 1　苍梧县六堡茶种植区 2009 年土壤养分含量

乡镇	pH 平均值	有机质平均含量（g/kg）	全氮平均含量（g/kg）	有效磷平均含量（mg/kg）	速效钾平均含量（mg/kg）
京南镇	5.3	26.95	1.79	23.20	58.00
梨埠镇	5.1	17.96	1.12	10.70	48.00
六堡镇	5.2	25.43	1.62	13.30	53.00
木双镇	5.1	18.26	1.14	11.00	50.00
狮寨镇	5.0	26.20	1.68	13.40	48.00
合计	5.1	23.00	1.47	14.30	51.00

但随着种植年限的增加，加上不合理的农艺措施，根据第二次全国土壤普查养分分级标准（见表 2），2017 年苍梧县六堡镇有 3 个茶园土壤水解性氮含量等级为 3 级，4 个茶园等级为 4 级，都属于中低等范围，氮肥肥力一般（见图1）；其他各镇的 11 个茶园土壤的水解性氮含量也都属于中低等范围（见图 2）。可见，目前苍梧县六堡茶茶园土壤的水解性氮含量普遍偏低，若要生产高品质的六堡茶，还需要合理施氮肥。

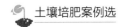

表2 第二次全国土壤普查土壤水解性氮含量分级标准

分级	水解性氮（mg/kg）
1 级	＞150
2 级	＞120～150
3 级	＞90～120
4 级	＞60～90
5 级	＞30～60
6 级	≤30

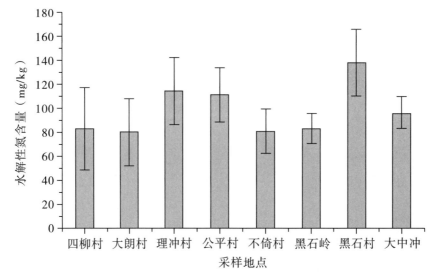

图1 苍梧县六堡镇六堡茶种植区2017年表层土壤水解性氮含量

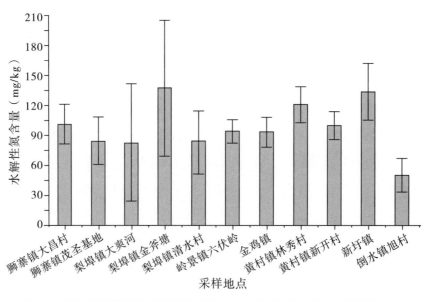

图2 苍梧县其他镇六堡茶种植区2017年表层土壤水解性氮含量

三、低产改造关键技术与措施

通过分析 2009 年和 2017 年苍梧县六堡茶种植区土壤养分含量，发现管理粗放是导致苍梧县茶园土壤肥力水平总体不高的原因之一，也是限制六堡茶产业化发展的重要因素之一。因此，只有尽快提高土壤地力，才能提升六堡茶单位面积产量。

（一）用养结合，培肥地力

良好的土壤环境条件和肥力是茶树立地之本，是茶叶优质高产的基础。土壤需靠积极培肥熟化，而地力的发挥则是在培肥的基础上实现。

1. 科学管理茶园土壤

根据苍梧县六堡茶种植区土壤特性进行科学管理。土壤深厚的山地茶园土质较松软、土壤养分含量较高，且树冠覆盖率高、病虫草害少，因此可实行免耕。而土壤耕层浅薄的旱地类茶园土壤养分含量低、病虫草害发生频繁，因此需要对其进行深耕细作、及时除草。一般在秋茶采摘结束后，与深施基肥相结合进行行间深耕（深度为 15 cm 以上）以疏松土壤；每年在茶树行间浅耕（深度约为 10 cm）除草 3 次左右。遇干旱季节时要及时灌溉，并用铺草的方式保水保肥，同时抑制杂草生长。此外，冬季天冷时铺草也可以防止茶树遭受冻害。

2. 茶园行间套种绿肥

随着生态意识的增强，加之愈演愈烈的土壤危机，一度被遗忘的绿肥重新进入公众视野。在这样的背景下，全区各地茶园开始实践"绿肥茶园"理念，探索茶业生态转型新路径。所谓"绿肥茶园"，就是利用茶树行间空地种"草"，并且要保证茶园一年中有三分之二以上的时间被绿肥作物覆盖。绿肥能够有效提升茶园土壤有机质含量及土壤肥力，实现改土培肥、化肥施用减量。同时，绿肥改变了以往清耕除草模式，能够增加地表覆盖度，减少水土流失，调节土壤温度，提升土壤保水保肥能力。套种绿肥还能提高茶园生物多样性，吸引捕食螨、瓢虫等天敌，从而减少虫害发生与农药使用。

在茶园中种"草"，看似简单，实则对绿肥品种有严格要求：要保证养分供应，品种就要有较强的固氮能力，生物量要大；茶园土壤大多偏酸且瘦，品种就要耐酸耐贫瘠；山地丘陵缺乏灌溉条件，品种就要耐干旱；为了不与茶树争

夺养分与生长空间，品种就要不易缠绕，长势不能过高；茶园农事活动频繁，品种要耐踩踏……因此，需要根据已有的栽培试验，筛选出适合六堡茶茶园的绿肥品种。可通过不同绿肥品种配合来实现茶园绿肥的周年种植，比如冬季套种紫云英、油菜花（见图3）、黑麦草等绿肥；夏季套种赤小豆、花生、决明等豆科植物。此外，将选好的绿肥品种配合农事活动播种，可提升绿肥种植的附加价值。

图 3　茶园土壤间套种油菜花

（二）推广应用先进农业技术

六堡茶多种植在缓坡和旱地上，基本的水源条件较难满足，为促进六堡茶产业化发展，不断提高茶叶产量和茶叶品质，建议规模化种植，推广滴水灌溉、测土配方施肥和无公害茶叶栽培等先进技术。

1. 推广应用水肥一体化滴灌技术

耕作层土壤相对含水量在 75% ~ 90% 才能保证茶树正常生长。茶园水分管理以保水为主，采用铺草覆盖茶园土壤、路边地角种树种草和增加植被覆盖度等方式，可减少水分蒸发，涵养水分。耕作层土壤相对含水量降低到 70% 以下时，茶园应及时引水灌溉。对区域化、标准化、规模化的茶园基地，建议采用国家农业农村部正在主推的水肥一体化滴灌技术（见图4）。使用该技术时，要在茶园内建造蓄水沟或池，安装低压管道灌溉系统，将灌溉用水通过低压管道灌溉系统直接滴灌到茶树根部附近土壤中，并在系统中增加化肥设施以实现滴灌施肥，实行水肥一体化管理，既节水、节肥、省工、高产、高效，又安全环保。

图 4 水肥一体化滴灌技术

2008 年，由广西壮族自治区农业厅（现为广西壮族自治区农业农村厅）主持，由广西壮族自治区土壤肥料工作站、苍梧县农业局（现为苍梧县农业农村局）负责实施的六堡茶基地节水灌溉示范项目采用节水滴灌施肥技术对六堡茶园进行灌溉，效益显著（见表 3）。

表 3 综合效益分析

灌溉方式	产量（kg/hm²）	产值（元/hm²）	投入（元/hm²）					每公顷纯收入（元/hm²）
			肥料	农药	用水	人工	其他	
安装滴灌施肥系统前	750	120000	16950	300	0	37500	4500	60750
安装滴灌施肥系统后	900	144000	15750	225	1500	30000	4500	92025

2. 实施测土配方施肥技术，合理施肥

茶树生长的好坏和茶叶产量、品质的高低与施肥时期、肥料种类和数量密切相关。按照无公害茶生产技术，宜多施质优、营养成分完全的有机肥或茶树专用肥，从而保证茶树生长旺盛，茶叶产量高、品质好。根据苍梧县六堡茶种植区土壤样品分析化验结果，结合生产实际，苍梧县六堡茶测土配方应以重施

腐熟有机肥料为主，合理配施氮肥、磷肥、钾肥；施足基肥，重施追肥。基肥以施有机肥为主，施肥时间是在秋茶采摘期刚结束时，施肥深度在 20 cm 以上。根据土壤条件，一般每公顷施商品有机肥 300 ～ 400 kg 或猪粪、鸡粪等农家肥 1500 ～ 2000 kg，过磷酸钙 375 kg，硫酸钾 225 ～ 375 kg，混合拌匀后在树冠垂直下方开深沟施肥盖土。追肥以施速效性氮肥为主，追肥施肥时期应结合茶树春、夏、秋三季茶芽萌发的生育规律，通常在鲜茶叶开采前 15 ～ 30 天开沟（沟深约 10 cm）并进行多次施肥，密植茶园可采用撒施的方式施肥。春茶追肥每亩用量为全年的 40%，幼龄茶园每亩每次用尿素（纯氮计）为 10 kg，成龄茶园为 15 kg，追肥的化学氮肥年最高总用量不超过 60 kg，具体每年每公顷施氮肥数量见表 4。

表 4　茶园氮肥追肥用量参考

幼龄茶园		成龄茶园	
树龄（年）	年施纯氮（kg/hm^2）	干茶产量（kg/hm^2）	年施纯氮（kg/hm^2）
1 ～ 2	37.5 ～ 75	375 ～ 750	112.5
3 ～ 4	75 ～ 112.5	750 ～ 1500	112.5 ～ 150
5 ～ 6	112.5 ～ 150	1500 ～ 2250	150 ～ 225
—	—	2250 ～ 3000	225 ～ 300
—	—	3000 以上	300 以上

四、总结

为全力推动梧州市六堡茶产业高质量发展，相关从业人员需要结合生产实际，通过科学管理茶园、套种绿肥的方式培肥地力，并结合一体化滴灌、测土配方施肥等先进技术，以此提高茶叶产量和品质，从而促进梧州市六堡茶产业快速高质量发展。

五、思考题

a.简述苍梧县六堡茶茶园土壤的基本特征。

b.简述培肥六堡茶茶园土壤的意义。

c.简述培肥六堡茶茶园土壤的措施。

d.提出广西六堡茶发展的建议。

参考文献

［1］张瑞芳,王红,周大迈,等.基于 GIS 的县域土壤水解性氮分析与评价:以河北省高阳县为例［J］.江苏农业科学,2013,41（8）:368-371.

［2］吴延,李小燕.梧州六堡茶产业高质量发展的标准化战略实施建议［J］.企业科技与发展,2023（3）:1-5.

［3］刚罡."小树叶"成就"大梦想"［N］.团结报,2023-05-27（005）.

［4］于翠平,江智艺,陈耀进,等.梧州市六堡茶茶园低产成因及改造措施［J］.茶叶,2023,49（1）:37-39.

［5］全志红.苍梧县林业生态现状和治理对策建议［J］.绿色科技,2021,23（4）:160-163.

［6］卢一叶.苍梧县六堡茶种植区土宜性调查与改良培肥对策分析［J］.农民致富之友,2012,447（22）:36-38.

［7］刘茜,李雪,叶福正,等.六堡茶园土壤水解性氮含量分析［J］.梧州学院学报,2017,27（6）:6-10.

［8］林志坤.茶园绿肥套种效应研究进展［J］.中国茶叶,2020,42（10）:18-23,27.

［9］阙玉林.福鼎白茶绿色食品茶叶标准化种植技术要点［J］.农业工程技术,2019,39（35）:85,87.

［10］马士成,尹德明,梁玉川.大健康时代背景下六堡茶产业转型和创新发展模式研究［J］.安徽农学通报,2017,23（9）:15-19,27.

［11］郝顺祥.无公害茶叶栽培技术刍议［J］.现代园艺,2014（16）:34.

［12］梁乾胜.如何提高一片叶子的"含金量"［N］.广西日报,2022-09-01（010）.

退化黑土地地力恢复与产能提升关键技术

摘要：黑土地是地球上珍贵的土壤资源。东北地区典型黑土区耕地面积约2.78亿亩，自开垦以来一直处于高强度利用状态，生态功能逐渐退化。保护好黑土地就是保护好国家粮食安全与生态安全，为贯彻落实习近平总书记"用好养好黑土地"的指示精神，2021年3月中国科学院启动"黑土粮仓"科技会战。科技会战面向国家粮食安全战略目标，针对东北黑土地保护与利用需要破解的关键科学技术难题开展核心技术攻关和示范，致力形成用好养好黑土地的系统解决方案。本案例有助于学生充分了解东北黑土地的概况，深入学习退化黑土地地力恢复与产能提升关键技术，并激发学生分析可促进广西主要土壤地力提升的关键技术。

关键词：黑土地；保护性耕作；地力培育；示范区

The key technology of soil fertility restoration and productivity improvement of degraded black land

Abstract：Black soil is a precious soil resource on the earth, and the cultivated land area of the typical black soil area in Northeast China is about 278 million mu. The black soil has been in a state of intensive utilization since its reclamation, and its ecological functions have gradually degraded. "Making good use of black soil" is an important guarantee for national food security and ecological security. To implement the spirit of General Secretary Xi Jinping's instruction to "make good use of black soil", the Chinese Academy of Sciences launched the "black soil granary" science and technology battle in March 2021. Facing the national food security strategic goal, the science and technology conference will carry out core technology research and demonstration given the key scientific and technological problems that need to be solved in the protection and utilization of black soil in Northeast China，and strive to form a systematic solution for making good use of black soil. This case study will help students fully understand the overview of black soil in Northeast China，learn the key technologies of soil restoration and capacity improvement of degraded black soil，and stimulate students to use the knowledge to analyze the key technologies that can promote the improvement of soil fertility in major soils in Guangxi.

Keywords：Black soil；Conservation tillage；Soil cultivation；Demonstration area

一、背景

黑土地是地球上珍贵的土壤资源，指拥有黑色或暗黑色腐殖质表土层的土壤，是一种性状好、肥力高、适宜农耕的优质土地。"把黑土地用好养好"是国家粮食安全与生态安全的重要保障，对于实现东北地区全方位振兴和中华民族可持续发展具有重大战略意义。

为贯彻落实习近平总书记"用好养好黑土地"的指示精神，2021 年 3 月中国科学院启动"黑土粮仓"科技会战。科技会战面向国家粮食安全战略目标，针对东北黑土地保护与利用需要破解的关键科学技术难题开展核心技术攻关和示范，为黑土地保护与利用提供系统解决方案，为保障国家粮食安全和生态安全提供科技支撑。

本案例对东北黑土地概况、黑土地保护与利用关键技术（保护性耕作技术和地力培育技术）、黑土地保护技术重大应用示范（海伦示范区和长春示范区）进行分析，对退化黑土地地力恢复与产能提升关键技术进行探讨，针对东北不同地区黑土地的退化特点，采取相应的修复技术，进行地力培肥，希望能促进黑土地生态环境的可持续发展。

二、案例分析

（一）东北黑土地概况

东北黑土区地形呈现三面环山、中间平地的大致盆地轮廓，整体地势相对低平，起伏不大，适宜规模化耕种的土地面积广大。黑土区内山地、平原、丘陵和台地主要地貌类型的面积大致相当，分别占比为 25.5%、29.1%、23.5%、21.8%。黑土区内主要种植水稻、玉米和大豆 3 种农作物，农业种植结构单一，并且玉米、水稻主要作物长期连作，导致土壤板结退化问题严重，不利于黑土地可持续利用。长期监测数据显示，黑土开垦 40 年后有机质含量下降 1/2 左右，开垦 70～80 年后有机质含量下降 2/3。进入稳定利用期后，东北黑土地土壤有机质下降缓慢，每 10 年有机质含量下降 0.6～1.4 g/kg。为培肥土壤，农民向土壤中施用大量化肥，据统计东北地区亩均化肥施用量高于世界平均水平（见图 1），不利于环境的可持续发展。

图 1　1980—2020 年东北地区化肥施用强度变化

根据坡耕地水土保持坡度分级方案，将东北黑土区地形坡度划分为 9 个等级（见图 2）。东北黑土区耕地主要分布在坡度 7° 以下的区域，30.97% 的耕地分布在小于等于 0.5° 的坡度带，65% 以上的耕地分布在大于 0.5° 的坡度带。由于东北黑土区雨热同季、降水集中，加上黑土表层松软，坡度大于 0.5° 的耕地存在水力侵蚀风险，且坡度越大侵蚀风险越高。

1961—2020 年东北黑土区年均降水量为 549.7 mm，变异系数为 12.67%，变化幅度大，波动中略有增长态势（见图 3）。东北黑土区降水日数减少，但降水强度有所增加。第二次东北区域气候变化评估表明，1961—2017 年，东北黑土区年降水日数减少速率为 1.7 d/10 a，降水强度增加速率为 0.11 mm/（d·10 a）。降水时间分配不均态势加剧，导致洪涝、干旱自然灾害和水土流失风险增大。

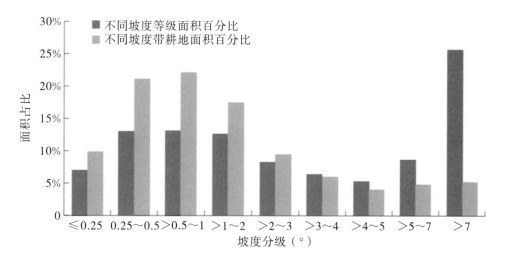

图 2　东北黑土区不同坡度等级面积及耕地分布情况

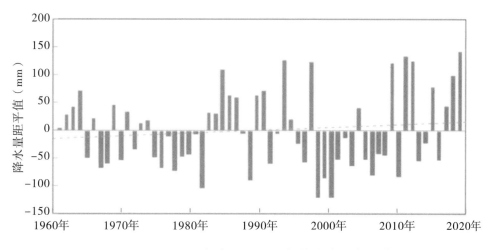

图 3　1961—2020 年东北黑土区年均降水量变化情况

（二）黑土地保护与利用关键技术

围绕《国家黑土地保护工程实施方案（2021—2025）》中指出的黑土地保护的关键问题和主要目标，以国家部委和东北"三省一区"发布的 300 余条农业主推技术、保护性耕作技术及中国科学院"黑土粮仓"科技会战成果为技术库，按照先进、适用、成熟且具有较强地域特性的原则，遴选总结出保护性耕作、地力培育、土壤退化防控、作物绿色高效栽培及前沿技术等 5 类共 17 条黑土地保护与利用的共性关键技术。这些技术在东北地区黑土地保护、提质增效和作物高产稳产等方面取得了显著成效。

1. 保护性耕作技术

保护性耕作，一般是指为减少土壤侵蚀，任何能保证在播种后地表作物秸秆残茬覆盖率不低于 30% 的耕作和种植管理措施。其核心特征是能够减少土壤扰动和增加地表覆盖，在降低土壤侵蚀的同时蓄水保墒，并且可以通过合理的作物搭配、水肥调控等配套技术，实现培肥地力、固碳减排、减少作业次数，最终节约投入成本。当前主流的保护性耕作措施主要包括秸秆覆盖免耕、秸秆覆盖垄作、秸秆覆盖条耕以及新近发展的秸秆覆盖轮作等。

（1）秸秆覆盖免耕技术

①技术原理与要点

该技术是在农田表面保留秸秆或其他植物残余物，形成有机覆盖层，而无需进行传统的耕地操作，如翻耕或深耕（见图 4）。技术要点包括 3 个方面：一是春季播种前根据土壤墒情与秸秆覆盖量情况，在高留茬或秸秆量少的条件下直接进行播种；二是应用免耕精量播种机一次完成施肥、苗带整理、播种开沟、单粒播种、覆土、重镇压等工序；三是采用机械化喷施除草剂，玉米拔节前深松追肥，绿色生物防治病虫害。

图 4　秸秆覆盖少耕免耕技术实施效果

②技术适用范围

该技术在蓄水保墒、培肥增温、节本增效等方面表现出了明显的优势。适用于东北黑土区半干旱风沙土区、中部半湿润区的黑土与黑钙土等主要土壤类型区。

③技术应用案例

秸秆覆盖免耕技术自 2001 年以来逐步示范推广，是最早推广的秸秆覆盖保护性耕作技术模式。秸秆覆盖保护性耕作技术、玉米宽窄行交替休闲种植技术入选农业农村部、吉林省主推技术，配套技术——秸秆覆盖还田口肥提苗深松追肥耕作技术入选吉林省农业主推技术。吉林省德惠市连续 16 年的保护性耕作试验结果显示，与传统耕作相比，免耕下耕层土壤有机碳储量可提升 29%，土壤含水量提高 15%～25%，土壤物种丰富度提高了 10%～20%。

（2）秸秆覆盖垄作技术

①技术原理与要点

该技术结合了秸秆覆盖和垄作的优势，通过农田表面的秸秆覆盖层减少水分蒸发、防止土壤侵蚀，并为土壤提供有机质（见图 5）。同时，农田通过形成垄沟，可集中和保持水分，控制杂草生长，并改善土壤结构。技术要点包括 4 个方面：一是在农田表面覆盖秸秆；二是利用扫茬机或扫茬装置将垄台的根茬打散，并扫除到垄沟内，形成无秸秆及根茬的播种带；三是采用深松中耕培垄，恢复垄型；四是合理选择和管理农具，实现高效的种植操作和管理。

图 5　秸秆覆盖垄作技术实施效果

②技术适用范围

该技术可以实现水分管理、防止土壤侵蚀、杂草控制和提高土壤质量等，适用于东北黑土区中低温冷凉区域以及低洼易涝区的黑土、黑钙土、草甸土等主要土壤类型。

③技术应用案例

2021 年吉林省四平市梨树县实施秸秆覆盖还田垄作少耕技术的地块有机质含量平均增加 0.3 g/kg。2022 年吉林省四平市双辽市卧虎镇协力村采取秸秆覆盖垄作扫茬综合技术，玉米增产 16.5%。

（3）秸秆覆盖条耕技术

①技术原理与要点

该技术是通过特殊的农具或机械在秸秆覆盖基础上形成种植条，提供了作物生长所需的空间（见图 6）。技术要点为春季耕作时采用秸秆归行模式，保留秸秆覆盖，同时形成一个疏松平整无秸秆覆盖的苗带，确保农作物可以正常生长。

图 6　秸秆覆盖条耕技术实施效果

②技术适用范围

该技术解决了秸秆覆盖地温低、播种质量和出苗率低、产量不稳定的问题。同时，种植条可以帮助农民进行作业和管理，使农田管理更加便捷和高效。该技术适用于东北黑土区黑土、黑钙土、草甸土、暗棕壤、棕壤等土壤类型。

③技术应用案例

2021 年开始，该技术在吉林省长春市农安、公主岭 2 个县（市）大面积推广应用，累计应用面积达到 200 万亩。目前该技术已成为吉林省中西部地区及低洼易涝冷凉区秸秆还田处理的主推技术。吉林省梨树、公主岭、扶余、九台、德惠等县（市）应用该技术后，农作物产量比采用传统技术耕作增加 11% ～ 21%。根据中国科学院"黑土粮仓"科技会战多个千亩辐射基地的实施成效来看，苗带地温与新技术应用前相比增加 1 ～ 2 ℃，出苗率增加 5%，苗带土壤硬度降低 5% ～ 15%。

（4）秸秆覆盖轮作技术

①技术原理与要点

该技术是在作物收获后将秸秆覆盖在农田表面，然后选择适合的轮作作物在覆盖层上种植，并利用秸秆分解来提供养分和改善土壤结构（见图 7）。该技术以秸秆覆盖玉米、大豆的轮作为主。技术要点包括玉米季收获后进行秸秆还田，翌年免耕播种大豆，收获大豆时将大豆秸秆直接粉碎并均匀抛施于地表，翌年春季采用免耕播种机种玉米。

图 7　秸秆覆盖轮作技术实施效果

②技术适用范围

该技术解决了长期使用玉米保护性耕作出现的土壤消纳难、影响播种和出苗、病虫草害加剧等问题,具有可降低土壤风蚀、改善土壤理化特性、改善土壤养分供给平衡等显著优势。该技术适用于东北黑土区黑土、黑钙土等主要土壤类型。

③技术应用案例

吉林省德惠市连续 16 年保护性耕作定位试验数据显示,与采用传统技术耕作相比,免耕玉米大豆轮作耕层土壤有机质含量平均提升近 5 g/kg,玉米产量提升 12.6%,有效降低了化肥施用量,改善了土壤微生物群落结构和多样性,提高了土壤肥力。

2. 地力培育技术

地力培育是指通过农业生产活动构建良好的土体,培育肥沃耕作层,提高土壤肥力和生产力的过程。核心内容是改善土壤的物理性质、化学性质和生物性质,提高土壤的肥力和水分保持能力,促进植物的生长和发育,从而提高农田的产量和品质。黑土地保护的地力培育技术主要包括秸秆还田技术、有机肥还田技术、绿肥还田技术等。

(1)秸秆还田技术
①技术原理与要点

该技术是基于秸秆富含的有机质和营养元素，通过还田的方式将其中的有机质释放到土壤中去（见图8）。同时，秸秆还能够促进土壤中微生物的活动，微生物分解秸秆可以释放出养分，进一步增加土壤肥力。根据还田深度，该技术分为秸秆表层覆盖还田和秸秆深混还田。以秸秆深混还田技术为例，该技术要点为秋季玉米收获后需用灭茬机进行灭茬，用螺旋式犁壁进行全量秸秆深混还田，深度为35 cm左右，待含水量适宜时进行耙地，旋耕起垄至待播种状态。

图8　秸秆还田技术实施效果

②技术应用范围

该技术通过有机质还田改善了黑土地土壤有机质含量下降、养分含量下降、肥力难以提升等问题。适用于东北黑土区黑土、黑钙土、暗棕壤、草甸土等主要土壤类型。

③技术应用案例

在黑龙江省海伦市的长期试验中，秸秆深混还田技术均匀地增加了0～35 cm土层中的养分含量，使土壤有机质含量提高5 g/kg以上，耕层厚度增加30 cm以上，耕地地力等级提高0.5个等级，大豆和玉米增产10%以上。

（2）有机肥还田技术

①技术原理与要点

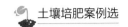

该技术通过土壤有机质与有机肥的组分配伍，促进土壤关键有机组分高效累积，从而提升土壤有机质含量（见图9）。同时匹配土壤中缺乏的活性有机组分，达到土壤质量提升和功能优化的目的，实现土壤培肥和产能扩增。有机肥包括固体有机肥和液体有机肥两种。该技术要点为固体有机肥施用时间一般在秋季玉米收获后，施用方式为撒施；液体有机肥可联合脲酶抑制剂作为玉米种植的基肥，并且在拔节期和大喇叭口期追肥施用。液体有机肥作基肥施用时施于农田地表，将液体有机肥翻入土中，追肥时与灌溉水同时使用。

图9　有机肥还田技术实施效果

②技术适用范围

该技术解决了种养循环农业区规模化养殖场有机肥就地就近还田的施用量和施用方式问题，适用于东北黑土区各类土壤，对于风沙土及其他有机质含量低的土壤类型效果更明显。

③技术应用案例

该技术目前已在辽宁省西北部阜新市彰武县和内蒙古自治区东部通辽市的大规模奶牛养殖场青饲种植农田进行推广，为实现种养一体化提供了技术支持。2021年和2022年在彰武县开展的液体有机肥试验中，与仅施化肥相比，运用该施肥技术种植的青饲玉米鲜重和干重产量分别增加了12.7%和16.0%，氮素利用率由26.3%提高至32.5%，土壤可溶性有机碳平均含量增长36.4%。

（3）绿肥还田技术

①技术原理与要点

该技术是利用植物生长过程中所产生的全部或部分绿色植物体，直接或异地翻压还田，或者经堆沤后施用到土地中作肥料（见图10）。在黑土区碱化草地修复改良研究中，耐盐碱豆科绿肥驱动的碱化草地修复技术的改良修复效果显著。技术要点包括采用整地起垄种植耐盐碱植物的方式，选用田菁作为先锋物种，耐盐碱能力较强的羊草、老芒麦和星星草作为建群种；采用机械条播，播种当年严禁牲畜、车辆等破坏。

图 10　混播绿肥还田技术示范应用效果

②技术适用范围

该技术运用耐盐碱植物解决了退化盐碱植被恢复困难的问题，同时实现了土壤结构改良和培肥，促进土壤功能修复。适用于松嫩平原中重度盐碱化土壤改良。

③技术应用案例

2021—2022年，在黑龙江省安达市的重度盐碱化草地（土壤pH值为9.62、

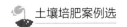

碱化度为 55.7%、碱斑比例为 50%）开展技术示范。种植当年土壤植被盖度达 83%，比对照组提高了近 60%。种植第二年，土壤植被盖度接近 90%。该技术可显著降低土壤 pH 值，在种植当年 pH 值由 9.62 下降到 9.43，第二年下降到 9.36；同时显著提高了土壤有机质含量，种植两年后土壤有机质含量增加了 36.1%。

（三）黑土地保护技术重大应用示范

中国科学院"黑土粮仓"科技会战针对不同类型地区黑土地土壤退化问题，兼顾地形地貌、水热条件、种植制度等，在东北黑土区建设了 7 个示范区，将用好养好黑土地关键技术在示范区进行集成示范，并向周边地区辐射推广。

1. 海伦示范区厚层黑土保育与产能高效提升案例

海伦示范区位于松嫩平原腹地的海伦市，核心示范区建设面积 1.2 万亩，辐射松嫩平原中北部 32 个县（区、市）。海伦示范区针对黑土地开垦后由于高强度利用、用养失调导致土壤有机质锐减、土壤结构恶化、生物功能退化，以及不合理耕作导致耕作层变浅、犁底层增厚等突出问题，构建了"龙江模式"（秸秆粉碎、有机肥混合深翻还田，结合玉米—大豆轮作为关键技术的深耕培土）。

2021 年海伦示范区主推有机物料深混还田肥沃耕层构建技术，能够打破犁底层，增加耕作层厚度，实现有机物料全耕层补给，有效提高黑土层中养分和水分库容（见图 11）。2022 年该技术模式在哈尔滨市、绥化市和黑河市等地推广应用达 1620 万亩，使土壤耕作层厚度增加 12 cm，耕层土壤有机质保持稳定，作物产量提高了 10.2%。

图 11　黑土地保护利用"龙江模式"关键作业环节

2. 长春示范区薄层退化黑土保育与粮食产能提升案例

长春示范区核心区位于吉林省梨树、农安、公主岭和东辽，示范建设面积 2.3 万亩，辐射全省玉米种植区。长春示范区针对土壤耕层变薄、有机质含量下降等土壤退化问题，组装集成保护性耕作、秸秆还田、生态修复、种养循环等关键技术，并在吉林省玉米产区示范推广，打造以薄层退化黑土区地力提升、粮食稳产高产、农业可持续发展三大技术体系为核心的农业创新发展模式。

2021 年长春示范区主推保护性耕作"梨树模式"四大主体技术体系，即秸秆覆盖宽窄行免耕技术、秸秆覆盖垄作少耕免耕技术、秸秆覆盖宽窄行条耕技术、秸秆覆盖少耕免耕滴灌技术（见图 12）。通过技术应用示范，长春示范区土壤抗旱保水性增强，典型地块耕层厚度和土壤有机质保持稳定；吉林省四平市梨树县高家村多年秸秆全量覆盖还田地块创造了连续 4 年超吨粮的纪录，在双辽、东丰、舒兰等县（市）示范区玉米增产达 6% ～ 10%。相关技术适用于干旱半干旱、土壤风蚀严重、土壤有机质含量低、黑土层薄的区域。

图12　秸秆覆盖宽窄行条耕与秸秆覆盖少耕免耕滴灌技术

三、总结

在掌握东北黑土地地力数据信息的前提下，以优化耕作制度为基础，坚持统筹工程、农艺措施综合治理，坚持分类施策、分区治理，坚持统筹政策、协同治理，健全体制机制，严格督查考核，集中连片、统筹推进，可形成黑土地在利用中保护、以保护促利用的可持续发展新格局。

四、思考题

a. 简述东北黑土地保护性耕作技术的特点。

b. 简述东北黑土地地力培育的关键技术。

c. 基于东北黑土地培肥提出对广西赤红壤、红壤培肥的建议。

参考文献

［1］张佳宝,孙波,朱教君,等.黑土地保护利用与山水林田湖草沙系统的协调及生态屏障建设战略［J］.中国科学院院刊,2021,36（10）:1155-1164.

［2］隋虹均,宋戈,高佳.东北黑土区典型地域耕地生态退化时空分异:以富锦市为例［J］.自然资源学报,2022,37（9）:2277-2291.

［3］张兴义,刘晓冰.中国黑土研究的热点问题及水土流失防治对策［J］.水土保持通报,2020,40（4）:340-344.

［4］魏丹,匡恩俊,迟凤琴,等.东北黑土资源现状与保护策略［J］.黑龙江农业科学,2016（1）:158-161.

［5］焦鹏,阎百兴,欧洋,等.东北低山丘陵典型区侵蚀沟分布特征及其地形影响研究［J］.地理科学,2022,42（10）:1829-1837.

［6］东北区域气象中心.东北区域气候变化评估报告:2020决策者摘要［M］.北京:气象出版社,2021.

［7］梁爱珍,张延,陈学文,等.东北黑土区保护性耕作的发展现状与成效研究［J］.地理科学,2022,42（8）:1325-1335.

［8］李晓丹.松嫩平原北部丘陵漫岗黑土区坡耕地保护性耕作技术模式试验研究［D］.哈尔滨:东北农业大学,2013.

［9］韩晓增,邹文秀.我国东北黑土地保护与肥力提升的成效与建议［J］.中国科学院院刊,2018,33（2）:206-212.

［10］姜明,李禄军,李爽,等.坚持以中国式农业现代化筑牢"黑土大粮仓"［J］.中国农村科技,2022（12）:11-14.

［11］杨阳."龙江模式"与黑土地保护:访中国科学院东北地理与农业生态研究所研究员韩晓增［J］.中国农村科技,2022（1）:12-15.

［12］周静.龙江模式呵护耕地中的大熊猫［N］.黑龙江日报,2021-09-03（06）.

［13］王影,王力,李社潮,等.保护好黑土地这个"耕地中的大熊猫":保护性耕作的梨树模式［J］.科学,2022,74（2）:45-48,4.

［14］刘亚军,张春雨,林宏,等.研发推广"梨树模式"保护好"耕地中的大熊猫"［J］.中国农村科技,2022（1）:20-23.